野鳥図鑑

街・野山・水辺で見かける

樋口広芳 監修
柴田佳秀 著
戸塚 学 写真

日本文芸社

本書について

私たちの身の周りから高い山、沖の海まで、ありとあらゆる環境に野鳥は生息しています。本書は国内で観察できる野鳥のうち、代表的な330種を選んで掲載した野鳥図鑑です。初心者でも野鳥を調べやすいように、それぞれの種を主な生息環境ごとに分けて掲載しました。各環境内での掲載順は日本産鳥類目録第7版に準じました。

[各生息環境について]

 街・公園

市街地周辺や都市公園で見られる鳥のグループです。多くは一年中観察できる留鳥ですが、夏鳥のツバメ類(p.40〜43)、冬鳥のジョウビタキ(p.47)もこのグループに入れました。また、生息が局地的なカササギ(p.36)も入っています。

 農耕地・草原・湿地

田畑や草原、湿地や雪原などで見られる鳥のグループです。開けた環境を好む鳥が多く、シギ・チドリのなかまで主に淡水域を好む種もこのグループに入れました。北海道の湿原や原生花園で見られる鳥もこのグループです。

[もくじ]

本書について ……………………… 2
図鑑ページの見方 ………………… 4
鳥の体の各部名称 ………………… 6
大きさで見分けよう ……………… 8
バードウォッチング入門 ………… 26

 街・公園で見られる鳥 ……… 29
 農耕地・草原・
　　　湿地などで見られる鳥 ……… 53
 森林・山地で見られる鳥 … 125

 河川・湖沼で見られる鳥 …… 228
 海岸・海上で見られる鳥 …… 287

〈イラストで比較〉
似ている鳥の見分け方 …………… 352
スマスコ撮影入門 ………………… 372
用語解説 …………………………… 374
和名さくいん ……………………… 380
鳴き声図鑑について・参考文献 … 383

森林・山地

森林や山で見られる鳥のグループです。平地や丘陵の林から深い森、亜高山帯まで広範囲の環境を含んでいます。タカやフクロウのなかまや、キツツキやムシクイ、ヒタキのなかまなど、多くの種が含まれます。

河川・湖沼

河川の上流から下流までと周辺環境、池や沼、湖など淡水域で見られる鳥のグループです。カモやサギのなかまなどが多く含まれます。

海岸・海上

海岸から沖の海上まで、海水域で見られる鳥のグループです。砂浜や干潟はもちろん、海岸沿いの崖も含みます。シギ・チドリやカモメのなかまなどが多く含まれます。

図鑑ページの見方

野鳥の名前と分類、データ

その種の名前として一般的に使われる和名と漢字表記を記し、分類(目・科・属)、学名と英名、全長を記しました。科についてはページ上方、和名の横にアイコンで示しています。

※分類と各生息環境内での掲載順は日本産鳥類目録第7版(日本鳥学会)に準じています。

メイン写真

その種の特徴がわかりやすい写真を選びました。雌雄で羽色が異なる場合は羽色が鮮やかなほうを大きく、もう一方をサブ写真として小さく掲載。夏羽と冬羽については、国内でよく見られるほうを大きく掲載。メイン写真上には見分けるポイントを引き出し線で示しています。

見出しと解説文

見出しではその種の特徴をひと言で表現。解説文ではその鳥がどんな鳥か、生活型や生息環境と分布、食性や行動の特徴、和名の由来などについて記し、形態について解説しました。

類似種のイラスト比較ページ

類似種同士をイラストで比較し、見分けのポイントを解説するページを掲載している場合、掲載ページを示しています。

コラム

観察したい行動や生態、特徴的な亜種、国内での生息状況など、本文では紹介しきれなかったその種の追加情報をコラムにしました。

サブ写真

オス・メス、夏羽・冬羽、幼鳥・若鳥など、メイン写真以外の写真です。

生息環境

その種が見られる生息環境をアイコンで示しています。複数の環境で見られる場合は、主に見られる環境を大きいアイコン、そのほかの環境を小さいアイコンで示しています。

※生息環境についてはp.2～3を参照

姿勢・行動位置・生活型

その種が見せる姿勢（シルエット）や行動する位置も見分けるための目安になります。例えばセキレイのなかまは、主に横向きの姿勢で、地上で行動します。木の幹に平行にとまっている鳥は、キツツキのなかまである可能性があります。

[姿勢]

その種が主に見せる姿勢を示しています。

立つ　やや立つ　横向き　幹に平行

[行動位置]

生息環境の中で、その種が主に行動する位置を示しています。

樹上　上空　地上　水上

[生活型]

野鳥は種によって一年中ほぼ同じ環境に生息するもの、季節に応じて移動するものがいて、留鳥・漂鳥（ひょうちょう）・夏鳥・冬鳥・旅鳥（たびどり）に分けることができます。

留　漂　夏　冬　旅

※生活型については巻末の用語解説を参照

鳴き声

野鳥はそれぞれの種によって鳴き声が異なります。耳を澄まして鳴き声を聴くことで、姿が見えない場合でも鳥の存在に気づくことができ、種も見分けられます。歌のように鳴く「さえずり」と、短く鳴く「地鳴き」をカタカナで表現。どちらにも当てはまらない場合は、単に「鳴き声」としました。

鳥の体の各部名称

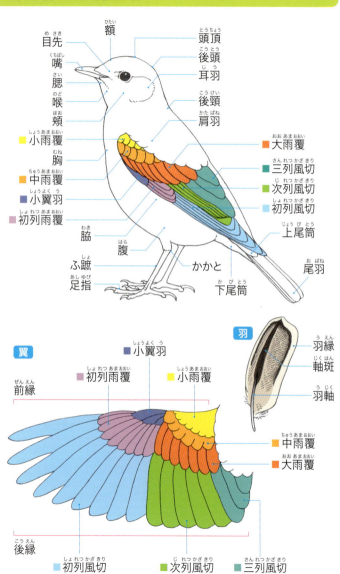

※全長 ＝ 嘴の先端から尾羽の先端までの長さ

大きさで見分けよう

野鳥を見分けるポイントの1つに大きさがあります。観察に慣れている人は、野鳥を見つけたときにおおまかな大きさでだいたいの種類を無意識に絞り込んでいます。ここでは掲載種を山野の鳥と水辺の鳥に分け、全長(cm)の小さい鳥から大きい鳥へ、順番に並べました。大きさの比較基準となる、よく見かける身近な鳥をモノサシ鳥として黄色の丸で示しています。

山野の鳥　スズメ・ムクドリ・ハト・カラス の4種をモノサシ鳥にしています。

キクイタダキ 10cm ➡ p.171
カラフトムシクイ 10cm ➡ p.180
キマユムシクイ 10cm ➡ p.180
ツリスガラ 11cm ➡ p.95
ヒガラ 11cm ➡ p.175

ヤブサメ 11cm ➡ p.178
メジロ 12cm ➡ p.45
マキノセンニュウ 12cm ➡ p.98
エゾムシクイ 12cm ➡ p.182
イイジマムシクイ 12cm ➡ p.184

オジロビタキ 12cm ➡ p.208
イワツバメ 13cm ➡ p.43
ショウドウツバメ 13cm ➡ p.97
セッカ 13cm ➡ p.104

ヒメアマツバメ 13cm ➡ p.32
オオセッカ 13cm ➡ p.101
ノビタキ 13cm ➡ p.109
コホオアカ 13cm ➡ p.120
ハシブトガラ 13cm ➡ p.172

コガラ 13cm ➡ p.173
メボソムシクイ 13cm ➡ p.181
センダイムシクイ 13cm ➡ p.183
コサメビタキ 13cm ➡ p.205
ムギマキ 13cm ➡ p.207

山野の鳥

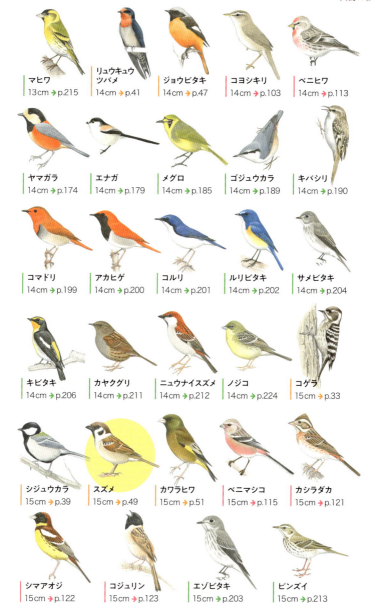

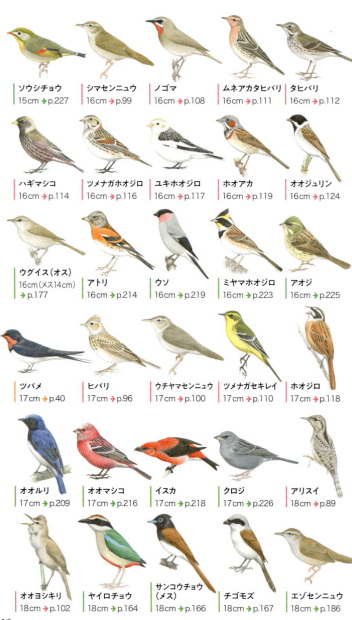

山野の鳥

山野の鳥

カナダヅル
95cm
→p.60

ナベヅル
100cm
→p.64

コウノトリ
112cm
→p.54

クロヅル
115cm
→p.63

ヤマドリ(オス)
125cm →p.127

マナヅル
127cm
→p.61

ソデグロヅル
135cm
→p.59

タンチョウ
145cm
→p.62

水辺の鳥　カワセミ・カイツブリ・カルガモ・コサギ・カワウの5種をモノサシ鳥にしています。

水辺の鳥

カンムリウミスズメ	キアシシギ	カイツブリ	ウミスズメ
24cm → p.347	25cm → p.319	26cm → p.253	26cm → p.346

タシギ	アカアシシギ	エリマキシギ(オス)
27cm → p.71	28cm → p.73	28cm(メス22cm) → p.328

コアジサシ	クイナ	ダイゼン
28cm → p.340	29cm → p.268	29cm → p.307

オバシギ	エリグロアジサシ	ハジロカイツブリ
29cm → p.322	30cm → p.342	31cm → p.256

アオシギ	ツルシギ	シロハラクイナ
31cm → p.275	32cm → p.72	32cm → p.65

バン	ズグロカモメ	ミミカイツブリ
32cm → p.270	32cm → p.333	33cm → p.295

水辺の鳥

コオリガモ（オス）
60cm（メス38cm）
→p.293

ダイシャクシギ
60cm →p.316

カルガモ
61cm →p.242

コサギ
61cm →p.265

コクガン
61cm →p.287

セグロカモメ
61cm →p.338

クロサギ
62cm →p.306

ツクシガモ
63cm →p.288

アビ
63cm →p.296

ホウロクシギ
63cm →p.317

オオセグロカモメ
64cm →p.339

カワアイサ
65cm →p.252

シロエリオオハム
65cm →p.297

ワシカモメ
65cm →p.336

ハクガン
67cm →p.230

23

バードウォッチング入門

バードウォッチングを楽しむのに、特に決まった方法はありません。でも、観察を助けてくれる道具を活用し、観察のコツを知ることで、より楽しむことができます。

双眼鏡を使おう

肉眼でも鳥を見ることは可能ですが、やはり双眼鏡ではっきり大きく見ないと、鳥を見た気にはなれないものです。カメラの望遠レンズで見るから双眼鏡は必要ないと考える人もいますが、カメラのファインダーはあくまでもピントと構図を確認するためのもの。双眼鏡は明るく立体的によく見えるように設計されているため、体の細かい部分までしっかりと確認することができます。双眼鏡は一流メーカーの製品で倍率は7倍から10倍が最適です。それ以上の倍率やズームの製品は、よく見えないのでお勧めできません。

[双眼鏡の使い方]

① 接眼目当てをセットする

裸眼の人は目当てを引き出します。
メガネの人は引っ込めます。

② 双眼鏡を両目の幅に合わせる

双眼鏡を覗きながら、両目の幅に合わせます。

③ 対象を視野に入れ、ピントを合わせる

ピントつまみを回して、像がはっきり見えるように調節します。

良い姿勢

身体と顔を観察対象に真っすぐ向けて、顔に双眼鏡を添えるようにすると、素早く視野に入れることができます。脇をしめるとブレにくくなります。

悪い姿勢

身体をねじったり、顔が真っすぐ向いていないと、観察対象がなかなか視野に入りません。慌てず冷静に観察対象の方を向くようにしましょう。

観察のコツ

● 鳥を意識する

「うちの周りにはスズメとカラス、ハトしかいない」。そう思い込んではいませんか。本当はいるのに、気づいていないだけなのかも。日本のどんな場所でも年間を通せば20種以上の鳥が見られるでしょう。それに気づくコツは、とにかく鳥がいるのだと思うこと。周囲を意識して目を凝らし、耳を澄ますことで、それまで見えなかった鳥が驚くほど見えてくるものです。鳥を見つけようと思う気持ちが大切です。

最近、街中に増えているイソヒヨドリ

オナガも住宅街で見かけることが多い

● 季節はいつ？

意識さえすれば、鳥はいつでもどこにでもいるものですが、やはり初心者が鳥を見るのに向いている季節があります。春は街中の公園でも渡りの夏鳥に出会う可能性があり、さかんにさえずるので気づきやすいのですが、葉が茂っているので姿を見つけにくい季節です。秋から冬が一番のお勧め。木の葉が落ちて鳥の姿が見えやすく、越冬する小鳥やカモ類など、見られる鳥の種類が増えるからです。逆に観察に向いていない季節は真夏です。この時期は羽が抜け替わる種が多く、茂みに入って姿を見せなくなってしまいます。また声もほとんど発しなくなるのです。

春は公園でもオオルリのさえずりが聞こえることも

● どこに行けばいいの？

いざ鳥を見ようと思っても、どこへ行けばいいのか迷うもの。お勧めは平地の市街地にある緑地公園で、大きな池があればベストです。秋から冬は越冬のため、平地に冬鳥たちがやってきます。緑のある公園にはそんな鳥たちが集中するため、鳥が見やすいのです。池にはカモ類やカイツブリ類などが泳いでいるはず。水鳥は体が大きく目立つので、初心者が見るのにはうってつけの対象です。

● 鳥の見つけ方

鳥を見つけるにはコツがあります。最も大切なのは動くものに意識を傾けること。視点を定めず広範囲を見て、動くものに反応して鳥を見つけます。また声や物音などに意識を集中させることも大切。ベテランは、おそらく7〜8割は声と音で鳥を見つけています。音声は茂みに隠れている鳥など、見えなくても存在を知る重要な手がかりとなります。ここで気をつけたいのが足音。足音がうるさいと鳥の声が聞こえなくなるので、なるべく静かに歩くようにしましょう。

秋冬の公園の池は観察しやすい

キジバト ［雉鳩］

ハト目ハト科キジバト属 *Streptopelia orientalis* / Oriental Turtle Dove ■全長33cm

- 虹彩が赤い
- 青と青灰色の横縞模様
- 赤茶色の縁取りのうろこ模様

「ヤマバト」なのに街にいる

市街地でごく普通に見られる身近なハト類ながら、俗に「ヤマバト」とも呼ばれる。平地から亜高山帯まで生息環境は広く、人里近くで多く見られる傾向がある。基本的には留鳥だが、北海道では冬にいなくなる夏鳥。主な食べ物は植物の種子など。首にある青灰色の横縞模様が一番の識別ポイントだ。翼には黒褐色に赤茶色の縁取りのうろこ模様があり、これがキジ(p.53)の雌の羽色を連想させることが和名の由来。雌雄同色で見分けるのは難しい。

子育ては一年中

ハト類は「ピジョンミルク」と呼ばれる、親の体内から分泌する物質をひなに与えて子育てをするため、親の食べ物が十分あれば一年中繁殖することができる。

さえずり	デーデー ポッポー
地鳴き	クウ、プッ

横向き

地上

留

シラコバト ［白子鳩］

ハト目ハト科キジバト属　*Streptopelia decaocto* ／ Eurasian Collared Dove　■全長32cm

黒い線模様が目立つ

クリーム色の体

長い尾羽

もう少しで幻のハトに

キジバトよりも小さく、スマートな体型のハト。埼玉県東部だけに留鳥として分布し、「越谷のシラコバト」として国の天然記念物に指定されている。埼玉県の県鳥。江戸時代に放鳥され定着したとの説が有力。かつては埼玉県東部を中心とした半径30kmほどの範囲で見られたが、急速に数を減らし、現在では限られた地域でしか見られない。ごくまれに宮古島や石垣島などでも記録がある。植物食で種子を主に食べる。雌雄同色で尾羽が長め。

養鶏場が減ると激減

本種は養鶏場の飼料をあてにしてくらしていたため、養鶏場が減ると急速に数を減らした。また鳥インフルエンザ防除対策で禽舎への出入りができなくなったことも、減少の原因といわれる。

横向き

地上

留

♪　鳴き声　ポーポッポーと三拍子で鳴く。二拍子めにアクセントがある

ドバト（カワラバト）［土鳩］

ハト目ハト科カワラバト属 *Columba livia* ／ Rock Dove ● 全長33cm

ハト科

ろう膜は白い

見る角度によって青や緑に輝く羽がある

肉色の足

世界中の街を占拠したハト

公園や駅前などでよく見かけるハト類。一般にハトといえば本種を指すことが多く、ドバトとも呼ばれる。中東、北アフリカ、ヨーロッパに生息しているカワラバトを人間が改良して家禽にした鳥で、かつて通信手段であった伝書鳩やレース鳩、式典での放鳥など、野外に放された個体が野生化している。現在は、世界中の都市に定着。日本では小笠原を除く全国に分布。品種改良されているため、個体によって羽色は様々。植物食で種や木の芽を食べる。

都市は絶好の繁殖場所

もともと荒れ地の崖などに巣をつくる習性があるため、コンクリート構造物が多い都市は絶好の繁殖環境。ビルのテラスやベランダ、橋梁の隙間など、あちこちに巣がつくられている。

横向き

地上

留

鳴き声 クルックー

アマツバメ科

ヒメアマツバメ ［姫雨燕］

アマツバメ目アマツバメ科アマツバメ属 *Apus nipalensis* ／ House Swift ■全長 13cm

- 鎌のような形の翼
- 尾は中央が浅く凹む
- 腹が黒い（イワツバメは腹が白い）

都会暮らし始めました

一日の大半をずっと飛んでいるアマツバメ類で、ツバメより小さい。鎌形の翼で浅く羽ばたいて高速で飛び回り、飛翔昆虫を捕食する。もともと日本では見られなかったが、1960年代に鹿児島県や神奈川県で観察されるようになり、現在は太平洋岸の都市を中心に分布を拡大しつつある。ビルや高速道路の高架などのコンクリート構造物に羽毛や枯れ草でドーム状の巣をつくり、数百羽もの大規模な繁殖コロニーをつくることがある。雌雄同色で全体が暗褐色。

立つ／空中／留

時間がかかる巣づくり

飛びながら空中で巣材を集めるためか、巣づくりに1歳のペアで約5カ月、2歳以上のペアでも約2カ月もかかる。手っ取り早く巣を得るためか、コシアカツバメ(p.42)の巣を奪い取ることもある。

♪ **鳴き声** チュルルルルルとつぶやくように鳴く

 アマツバメ類の見分けについてはp.360を参照

コゲラ ［小啄木鳥］

キツツキ目キツツキ科アカゲラ属　*Dendrocopos kizuki* / Japanese Pygmy Woodpecker　■全長 15cm

- 幹を抱え込むようにがっしりとつかむ足指
- 白と褐色のだんだら模様
- 体を支える尾羽

街中にもいるかわいいキツツキ

スズメ大の小さなキツツキ。留鳥として全国に分布するが、佐渡島にはなぜかいない。木の枝や幹に平行にとまり、せわしなく動き回る。ギーという特徴的な声で存在に気づくことが多い。平地や山地の林などに多く、都市公園や街路樹でも普通に見られる。冬はシジュウカラ(p.39)などと混群をつくって一緒に行動することも多い。鋭い嘴で幹をつついて穴を開け、カミキリムシの幼虫やアリなどを捕食する。木の実も食べる。雌雄同色で、体上面が褐色のまだら模様。

赤い羽を確認しよう

オスの後頭には数枚の赤い羽があるが、ほかの羽毛に隠されてなかなか見ることができない。風で羽毛がめくれた瞬間や興奮して羽を逆立てたときがチャンス。よく観察すれば見られるだろう。

幹に平行

樹上

留

ドラミング	カラカラカラカラ… 枯れ木を嘴でつつき、音を出す
地鳴き	ギー、ギッギ、キーキキ　キーキンキンキン

ハヤブサ科

チョウゲンボウ [長元坊]

ハヤブサ目ハヤブサ科ハヤブサ属　*Falco tinnunculus* ／ Common Kestrel　■全長 オス33cm メス39cm

- 頭と尾羽は青灰色
- 目は黒い
- ヒゲのような黒い斑
- 栗色の背中
- 尾羽の黒い線
- オス
- メス

街の上空をひらひら飛ぶ

ハトくらいの大きさのハヤブサ類で、ひらひらした特徴的な浅いはばたきと滑空を繰り返して飛ぶ。羽ばたきながら空中の一点に停まるホバリングも得意。北海道から近畿地方までの各地で繁殖が確認されていて、冬は全国に分布。農耕地や河川敷などの開けた場所に生息し、大きな河川や埋め立て地が近くにある市街地でも見られる。急降下して、地上のネズミや小鳥などを捕食する。オスは頭と尾羽が青灰色で、背面が明るい栗色。メスは全身が赤褐色。

街中で繁殖

かつては河川敷の崖に営巣していたが、1971年に長野県松本市のビルで繁殖が見つかった。今では、各地のビルの排気口や鉄橋の横穴などの、都市構造物で繁殖するのが普通になっている。

立つ / 空中 / 留

🎵 　鳴き声　鋭い声でキーキーキー、キュリーキュリーと鳴く

 ハヤブサ類の見分けについてはp.368を参照

34

オナガ ［尾長］

スズメ目カラス科オナガ属　*Cyanopica cyanus* / Azure-winged Magpie　■全長37cm

カラス科

- 黒い頭
- 美しい青灰色の翼
- 尾羽は長く、青灰色で先が白い

関西のバードウォッチャーにうらやましがられる鳥

市街地や、木がまばらに生えた農耕地などにいる、尾羽が長くスマートな鳥。留鳥として青森県から岐阜県の間に分布し、関西以西にはいない。北九州でも記録があるが、現在はいない。ふわふわとした独特の飛び方で、複数羽が移動していく光景によく出会う。「ギューイ ギュイギュイ」という濁った鳴き声で存在を知ることも多い。昆虫や果実が主な食べ物。雌雄同色で頭が黒く、翼と尾羽が青灰色で美しい。体下面はややすすけた白色。

ヘルパーがいる

本種には、つがい以外に巣材を運んだり、ひなに給餌をするなど、なかまの繁殖の手伝いをするヘルパーがいる。その群れの独身雄や、繁殖が終わった雄がヘルパーになることが多い。

やや立つ

樹上

留

鳴き声　ギューイ ギュイギュイ、キャラキャラ、キュイ、キュイ、トゥルルルルル

カラス科

カササギ ［鵲］

スズメ目カラス科カササギ属 *Pica pica* / Eurasian Magpie ■全長45cm

- 白黒の体
- 翼は青く輝く黒
- 長い尾羽

「カチガラス」と呼ばれる鳥

ハシボソガラスよりも小さく、尾羽が長くスマートな体型。留鳥として九州北西部に分布する。「カシャカシャ」と聞こえる声から、九州では「カチガラス」とも呼ばれる。もともとは日本におらず、17世紀頃に朝鮮半島から人為的に移入されたとされる。屋敷林の高木や市街地の電柱などに、小枝を用いたドーム状の巣をつくり繁殖する。雌雄同色で白黒に見えるが、翼と尾羽は輝く青色で美しい。昆虫や木の実が主食。佐賀県の生息地は国の天然記念物。

電柱の巣は最高

風で揺れない電柱は巣が崩壊する心配がない魅力的な場所。枝を組んで巨大なドーム形の巣をつくる。巣材には針金なども使われるため停電の原因になることがある。

横向き

樹上

留

🎵 鳴き声 **カシャカシャカシャ**

ハシボソガラス [嘴細烏]

スズメ目カラス科カラス属 *Corvus corone* / Carrion Crow ■全長50cm

カラス科

嘴上面はあまり湾曲しない

嘴と額の境に段差がない

紫光沢がある黒色。褐色ぎみの個体は幼鳥

足は長く、ウォーキングで進む（p.38右下参照）

知的で器用なカラス

留鳥として九州以北に分布し、農耕地や河川敷、海岸など開けたところにすむ。夜は集団をつくり、森林や電線で眠る。地上を歩きながら、昆虫や種子、カエルなど小動物を捕食する。浅い水に入って魚やザリガニを捕食することもある。クルミを車にひかせて割ったり、貝を舗装道路に落として割るなど知的行動も見せる。雌雄同色。全身黒色で紫光沢がある。嘴と額の境に段差がなく、なめらかにつながる。幼鳥は羽色に光沢がなく褐色を帯び、口の中が赤い。

鳴き声が決定的

ハシブトガラス(p.38)との識別で一番わかりやすいのが鳴き声と動作。ハシブトガラスは「カアーカアー」と澄んだ声なのに対し、本種は「ガーガー」と濁った声で頭を上下させる。

横向き

地上

留

鳴き声　ガーガー

カラス科

ハシブトガラス [嘴太烏]

スズメ目カラス科カラス属 *Corvus macrorhynchos* / Large-billed Crow ■全長 57cm

嘴と額の境は段差があるが、目立たないこともある
青紫光沢がある黒
嘴上面が大きく湾曲する
ホッピングで進むことが多い

©Joe Takano

大きく湾曲した嘴が特徴

市街地でゴミを荒らして問題になるカラスで、下向きに湾曲した大きな嘴をもつ。留鳥として全国に分布するが、小笠原諸島では絶滅。どこにでもいる印象だが、本来は森林にすむ。果実や昆虫、動物の死骸などを採食するため、海岸や農耕地などにも食べ物があれば姿を見せる。繁殖期には鳥の卵やヒナなども捕食する。雌雄同色で、全身青紫光沢がある黒色。通常は嘴の付け根と額の境に段差があるが、緊張時には段差がなくなることがあるので注意したい。

ホッピングで進む

地上での移動は、両足でぴょんぴょん跳んで進むホッピングが多い。ハシボソガラスは、足を交互に出して進むウォーキングで移動することがほとんど。歩き方にも違いがある。

 横向き
 地上
 留

♪ 鳴き声 カアー　カアー
　　　　 カポン、カカカカ

シジュウカラ ［四十雀］

シジュウカラ科

スズメ目シジュウカラ科シジュウカラ属 *Parus minor* / Japanese Tit ■全長 15cm

- 白い頬が目立つ
- 黒線は細い（メス）
- 黒線は太く、両足の間がつながる（オス）

白いほっぺたの活発な鳥

最も身近な小鳥の一つ。留鳥として小笠原諸島を除く全国に分布し、市街地や公園、平地や山地の林、ヨシ原など、幅広い環境に生息する。巣は編まず、樹洞で営巣するが、巣箱やブロック塀の穴、地面に伏せた植木鉢など、様々な人工物も積極的に利用する。昆虫が主食で、秋から冬にかけては果実や種子も採食する。雌雄ほぼ同色で、頭は黒く、白い頬が特徴。背の緑色が美しい。喉から腹にかけて1本の黒線があり、オスは太く、メスは細い。

シジュウカラ語

最新の研究では、様々な鳴き声を組み合わせ、文章のようなものをつくり、相手に伝達する能力があることがわかっている。同じ声でも順番を入れ替えると別の意味になるという。

横向き

樹上

留

さえずり　ツピ ツピ ツピ ツピツー
地鳴き　ジュクジュクジュク、シーシーシー

ツバメ科

ツバメ ［燕］

スズメ目ツバメ科ツバメ属 *Hirundo rustica* / Barn Swallow　■全長17cm

- 額と喉が赤い
- 胸に黒い帯
- 腹は白い
- 長い尾羽

人と一緒じゃないと
くらしていけない

スズメとならぶ身近な鳥の代表格。夏鳥として屋久島以北で繁殖する。南西諸島では旅鳥。本州中部以南では少数が越冬する。土と枯れ草をだ液で固めたお椀形の巣を人家や商店などの軒下につくり、人をガードマンとして利用して繁殖する。日本では建築物以外への営巣例がない。高速で飛ぶうえにアクロバティックな飛行が得意で、飛翔昆虫を巧みに捕まえる。雌雄同色だが、オスは外側2枚の尾羽がメスよりも長いので区別がつく。

ヨシ原で眠る

巣立ちした若鳥や繁殖を終えた成鳥は、夏のあいだ、湿地のヨシ原などで眠る習性がある。ときには10万羽を超える大集団となることがあり、ねぐらに入る様子は壮観だ。

やや立つ／空中／夏 旅

♪　さえずり　チュピチュピチュピチュピ ジュルルルル
　　地鳴き　チュビ チュビ、ビチィッピチィッ（警戒声）

ツバメ類の見分けについてはp.361参照

リュウキュウツバメ ［琉球燕］

ツバメ科

スズメ目ツバメ科ツバメ属 *Hirundo tahitica* / Pacific Swallow ■全長14cm

うろこ模様の下尾筒

すすけた感じの白い腹

沖縄へ行ったら見たいツバメ

沖縄や奄美大島などの南西諸島で見られる。世界的には、東南アジアやオーストラリアにかけて広く分布し、奄美大島が北限とされる。基本的には一年中いるが、冬期には個体数が減る地域があり、渡りをする個体もいると考えられている。市街地や農耕地で普通に見られ、建物の軒下や橋の下に、泥と枯れ草でできたお椀形の巣をつくる。水田や河川などでユスリカなどの飛翔昆虫を巧みに飛びながら捕食する。雌雄同色で下尾筒のうろこ模様が特徴。

ツバメとの見分け

尾羽が短く燕尾にはならないこと、胸にはツバメにある黒い帯がないこと、下尾筒がうろこ模様であることなどの違いがある。全体的にツバメよりも浅黒い印象に見える。

やや立つ
空中

留

さえずり チピチピチピ ジュルルルル
地鳴き キュィ キュィ

コシアカツバメ ［腰赤燕］

スズメ目ツバメ科ツバメ属 *Hirundo daurica* / Red-rumped Swallow ■全長 19cm

頬から腹にかけて細い縦斑がたくさんある

レンガ色の腰

長い尾羽

名前ほど腰の赤は目立たない

喉の縦斑と長い尾羽が目立つツバメ類。夏鳥として九州以北で繁殖する。ツバメ（p.40）よりも数は少なく、北へ行くほど少なくなる。特に海岸に近い市街地にいる傾向があり、人家よりも団地などの大きな建造物に営巣することが多い。飛びながら飛翔昆虫を捕食する。雌雄同色。和名の由来となった赤い腰は意外に見えにくく、頬から腹にかけての密にある黒い縦斑の方がよい識別点。燕尾はツバメよりもずっと長く、飛ぶとよく目立つ。

とっくりのような形の巣

泥や枯れ草でできた、とっくりを半分にしたような形の巣を建物の天井に貼りつける。ツバメよりも高い場所に営巣することが多い。巣はスズメ（p.49）に乗っ取られることがある。

🎵
- さえずり ジュリリジュリリ チュルル
- 地鳴き チュリ チュリ

ツバメ類の見分けについてはp.361参照

イワツバメ ［岩燕］

ツバメ科

スズメ目ツバメ科イワツバメ属 *Delichon dasypus* / Asian House Martin ■全長 13cm

短い嘴
白い腰
下面は白い
羽毛に覆われた足

山の温泉旅館によくいるツバメ

白黒のシックな色彩の小型ツバメ類。スズメよりも小さい。夏鳥として九州以北に渡来するが、西日本では越冬するものもいる。平地から高山帯までの開けた場所に生息し、岩の崖や建物などに巣をつくる。近年では自然物への営巣が少なく、旅館や学校、役所などのコンクリート製大型建造物や橋の下、鉄道や高速道路の高架などの人工物が大半である。高速で飛び回り、飛翔昆虫を捕食する。雌雄同色で、白い腰と腹が特徴。尾羽は燕尾ではなく短い。

ねぐらの謎

ツバメやショウドウツバメ、コシアカツバメは夜間、ヨシ原に集まって休むが、イワツバメは未だにねぐらが発見されていない。飛びながら寝ているのではともいわれている。

 やや立つ
 空中
 夏

さえずり ピチュルピチュルピチュピチュル
地鳴き ジュリ ジュリ ジュリ ジュリ

ツバメ類の見分けについては p.361 参照

43

ヒヨドリ科

ヒヨドリ ［鵯］

スズメ目ヒヨドリ科ヒヨドリ属　*Hypsipetes amaurotis* ／ Brown-eared Bulbul　■全長28cm

- 頭の羽毛がボサボサしている
- 目の後ろに赤茶色の斑
- 腹には白斑がある
- 尾羽が長い

ヒーヨとにぎやかに鳴く鳥

「ヒーヨ」と鳴くからヒヨドリ。留鳥として全国に分布し、市街地から山地まで普通に見られる。繁殖地は日本と朝鮮半島、サハリンに限られ、来日した愛好家がお目当てにする。昆虫のほか果実をよく食べ、植物の種を運ぶ重要な種子散布者。花の蜜も好み、花粉媒介者の役割も担う。かつて平地では冬鳥だったが、1970年頃から繁殖するようになり、現在では一年中見られる。雌雄同色。全身が灰色で目の後の赤茶色が目立つ。南に行くほど色彩が濃くなる傾向がある。

3タイプの生活型

関東では一年中いる鳥、一時期だけ姿を見る鳥、冬にいる鳥の3タイプがいることが研究で明らかになっている。春と秋には大きな群れの渡りを見るが、どこへ移動しているか未だ不明。

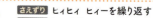
さえずり　ヒィヒィ ヒィーを繰り返す
地鳴き　ヒーヨ ヒーヨ

メジロ ［目白］

スズメ目メジロ科メジロ属　*Zosterops japonicus* ／ Japanese White-eye　■全長 12cm

メジロ科

黄緑色の羽色

目の周りが白い

本当は目は白くない

スズメよりも小さな黄緑色の鳥。目が白いのが名前の由来だが、実際には目の周りに白い縁があり、目そのものは白くない。全国に留鳥または漂鳥として分布し、北海道では、道南以外では夏鳥。平地から山地まで広く生息し、市街地の公園や庭などにも普通。かつて夏は山地で繁殖し、冬は平地で越冬する冬鳥だったが、近年は平地で一年中くらすものが増えている。雑食性で昆虫やクモ、果実などを食べる。花の蜜も好み、冬はツバキやウメをよく利用する。

ウグイスと間違われる

梅の花にいると、ウグイス（p.177）に間違われることがある。和菓子のうぐいす餅に羽の黄緑色が似ているので誤解されたようだ。ウグイスの羽は茶褐色。動物食で、ウメの花にはまず来ない。

 横向き

 樹上

 留/漂

さえずり	チューチュル チーチュル チュルチュルと複雑に長く鳴く
地鳴き	チー チー　チュイーン

45

ムクドリ科

ムクドリ ［椋鳥］

スズメ目ムクドリ科ムクドリ属　*Spodiopsar cineraceus* ／ White-cheeked Starling　■全長 24 cm

- 顔が白い
- 嘴は橙色
- 腰が白い
- オス
- 足は橙色

大集団で駅前を占拠して嫌われる

地面をとことこ歩いている、嘴と足の橙色が目立つ鳥。全国の大部分では留鳥だが、北海道では冬に減り、南西諸島では冬鳥。市街地のほか、農耕地でもよく見る。歩きながら昆虫を捕食し、果実も食べる。巣は樹洞（じゅどう）につくるが、人家の戸袋などの人工物も利用し、美しい青色の卵を産む。雌雄ほぼ同色で、オスの羽色の方が濃い。顔の白色は個体差がある。飛ぶと腰が白く目立つ。駅前などの街路樹に大群でねぐらをとる習性があり、人との軋轢が生じている。

種内托卵（たくらん）

同種のほかの巣に卵を産んで育てさせる種内托卵という習性があり、巣穴を確保できなかった鳥が托卵するという。巣の下に赤裸のひなが落ちていることがある。

横向き
地上
留/漂

♪
さえずり キュルキュルュキュキュルリキュキュと小さな声で鳴く
地鳴き ジャー ジャー、ピチュッ ピチュッ（警戒声）

ジョウビタキ ［常鶲］

スズメ目ヒタキ科ジョウビタキ属　*Phoenicurus auroreus* ／ Daurian Redstart　■全長 14cm

ヒタキ科

- 灰色の頭部
- 胸から腹は橙色
- 翼に目立つ白斑
- 長めの尾羽
- メス
- オス

街中にもいる冬鳥のアイドル

庭にも訪れる美しい小鳥。大きさはスズメくらいで、10月頃、冬鳥として全国に渡来する。公園や農耕地、河川敷など、明るく開けた場所に生息する。「ヒッヒッ、カタカタ」と聞こえる特徴的な声で見つけることも多く、杭や柵などにとまり、尾を小刻みに震わせる独特の動きを見せる。昆虫や果実が主な食べ物。オスは頭が灰色で顔が黒く、胸から腹が橙色。雌は褐色で黒いつぶらな瞳が愛くるしい。雌雄ともに翼に白斑がある。

おじぎのような動き

鳴きながら、尾羽を小刻みに上下に振り、頭を下げるおじぎのような行動をよく見せる。近縁種のルリビタキ(p.202)も尾羽を振るが、下にしか動かさず、頭を下げる動きもしない。

やや立つ

樹上

冬

> さえずり　チチルリ チチロリ ピーチクピと複雑な声でさえずる
> 地鳴き　ヒッヒッヒッ カタカタ

ヒタキ科

イソヒヨドリ [磯鶫]

スズメ目ヒタキ科イソヒヨドリ属 *Monticola solitarius* / Blue Rock Thrush ■全長 25cm

- 黒色で長い
- 光沢のない青
- 胸より下の下面は赤褐色
- 灰褐色と黒褐色のまだら模様

オス / メス

都市に進出中の美しい鳥

海辺にいる青と赤の美しい鳥。和名は磯にいるヒヨドリ(p.42)のような鳥という意味だが、ヒヨドリではなくヒタキ科の鳥。留鳥として全国の海岸の岩礁地帯や漁港などに生息するほか、1990年代より海から離れた市街地でも繁殖するようになった。オスはとても美しい声でさえずる。地上にいる甲殻類や昆虫、ムカデなどを捕食するほか、果実も食べる。オスは頭から体上面、胸が光沢のない青色で、体下面が赤褐色、メスは灰褐色で体下面は黒褐色のまだら模様。

小動物が大好き

小動物や昆虫が大好きで、くわえている光景を見る。ムカデやヤモリ、カナヘビ、カマキリなど、比較的大きな獲物を捕食する。鳥のひなを襲った例もある。

 やや立つ
 地上
 留

♪ **さえずり** ヒーリョ ヒーリュリュなどと複雑に鳴く
地鳴き ヒッ ヒッ ヒッ

スズメ ［雀］

スズメ科

スズメ目スズメ科スズメ属　*Passer montanus* ／ Eurasian Tree Sparrow　■全長 15cm

頬の黒い斑

足は肉色

人家がないといない鳥

日本人にとって最も身近な鳥。留鳥として全国に分布するが、小笠原諸島にはいない。平地から山地までの人家のそばに生息し、屋根瓦の下や建物の隙間などに巣をつくる。秋から冬は、農耕地などで大きな群れとなる。主な食べ物は植物の種子だが、子育てのときは昆虫を捕らえてひなに与える。冬はカキの実も食べる。雌雄同色。頬の黒斑が特徴的。体上面は茶褐色で黒い縦斑が並ぶ。幼鳥は嘴が黄色いが、成鳥でも非繁殖期に嘴の付け根が黄色くなる個体がいる。

花の蜜を盗み食い

サクラの蜜が大好き。花をちぎって蜜をなめられてしまうため、サクラにとっては、花粉を運んでもらえずに盗まれているようなもの。ちょっと迷惑な存在だ。

横向き

樹上

留

さえずり　チュィーン チュィーン
地鳴き　チュン チュン、ツェツェツェツェ（警戒声）

♪

セキレイ科

ハクセキレイ [白鶺鴒]

スズメ目セキレイ科セキレイ属 *Motacilla alba* / White Wagtail ■全長21cm

- 顔が白く過眼線がある（ない亜種もいる）
- 夏羽では背が黒くなる
- 長い尾羽
- 冬羽

駐車場を走る白黒の鳥

尾羽が長い白黒の鳥。地上をせわしなく走り回る様子を街中でもよく見かける。全国に留鳥として分布し、市街地や公園、農耕地など開けた環境にすむ。かつては北海道と東北のみの繁殖だったが、今ではほぼ全国で繁殖している。尾羽を上下に振りながら地上を歩き、昆虫を捕食、飛翔昆虫をフライングキャッチすることも。夜、駅前の街路樹などに集団で眠る習性がある。類似種のセグロセキレイ(p.286)とは、本種は頬が白いこと、地鳴きが濁らない点が異なる。

駐車場の鳥

本種はコンビニエンスストアなどにいることが多い。コンビニの駐車場には、菓子の食べこぼしや照明にきた昆虫などが落ちているため、それを目当てにしていると思われる。写真：髙野丈

横向き / 地上 / 留 漂

♪ さえずり チュビー チュビー、チチン チチン ジュイ ジュイ ジジジ…
　地鳴き チチン チチン

カワラヒワ ［川原鶸］

スズメ目アトリ科カワラヒワ属　*Chloris sinica* / Oriental Greenfinch　■全長 15cm

アトリ科

- 淡紅色の太いくちばし
- 翼に黄色い斑
- 中央に凹むM形の尾

翼が黄色くてかわいい

茶色い地味な羽色に翼の黄色が目立つ、スズメほどの鳥。電線にとまり「キリキリコロコロ」と鳴いている姿をよく見かける。北海道では主に夏鳥で、本州以南では留鳥として分布する。名前の由来となった川原だけでなく、市街地や公園、農耕地など開けた環境で普通に見られ、街路樹で繁殖することもある。春ではなく秋につがい形成する。冬には大きな群れをつくる。植物の種子が主食で、太い嘴で割って食べる。飛翔時に翼の黄色がよく目立つ。

渡り鳥のカワラヒワ

秋になると少し大型のカワラヒワが見られるようになるが、これは大陸で繁殖し、日本へ冬越しにきた渡り鳥のカワラヒワである。

横向き

樹上

留　冬

- さえずり　キリキリキリ ビーン
- 地鳴き　キリキリ コロコロ

インコ科

ホンセイインコ ［本青鸚哥］

インコ目インコ科ダルマインコ属　*Psittacula krameri* / Rose-ringed Parakeet　■全長 40cm

カギ状の太い赤い嘴

メスには首輪模様がない

メス

尾羽がとても長い

©Joe Takano

都市上空を飛び回る緑のインコ

緑色のインコで、亜種名のワカケホンセイインコで呼ばれることが多い。本来はインドやスリランカの鳥だが、逃げたペットが野生化した外来種。1969年に東京で初めて定着が確認され、現在は神奈川県、埼玉県、群馬県、千葉県にも生息している。昼間は樹木の多い公園などで果実や木の芽などを食べ、夜は街路樹などで大集団をつくり眠る。巣は高木の樹洞や人工物の隙間につくる。雌雄ほぼ同色で、オスには首輪のような黒い線があるが、メスや若鳥にはない。

果実と種子、花蜜

主に果実と種子を食べる。エノキやムクノキの果実のほか、堅いトチノキさえもかじる。餌台のヒマワリの種も大好き。春はサクラの花の根元をかじって落としてしまう。

🎵　鳴き声　キャラ キャラと大きな声で鳴きながら空を飛ぶ

キジ [雉]

キジ目キジ科キジ属 *Phasianus colchicus* / Common Pheasant ■全長 オス81cm メス58cm

- 横向きハート形の赤い皮膚
- 地味な黄褐色のまだら模様（メス）
- 光線によって青や緑光沢に見える（オス）
- 長い尾羽

豪華絢爛な日本の国鳥

日本の国鳥。昔話で桃太郎が家来にしたおなじみの鳥。北海道を除く全国の草地や農耕地に留鳥として生息する。林内にいることはあまりない。繁殖期にオスは、「ケンケーン」とけたたましい声で鳴き、翼をすばやく羽ばたいてドドドという羽音を出し、縄張りを主張する。歩きながら草の種子や葉、昆虫類などを採食する雑食性。オスは顔が赤く、メタリックに輝く緑の体をもち、長い尾羽を誇る。メスは黄褐色のまだら模様で地味。尾羽はあまり長くない。

母衣打ち（ほろうち）

オスが鳴きながら翼を激しく羽ばたかせる行動を「母衣打ち」と呼ぶ。短い翼から発する「ブルッブルルッ」という音は迫力満点だ。

 横向き
 地上
 留

さえずり ケン ケーン
地鳴き ケッケッケッ、驚いて飛び出した時にチョケーン チョケーンと鳴く

コウノトリ科

コウノトリ ［鸛］

コウノトリ目コウノトリ科コウノトリ属　*Ciconia boyciana* / Oriental Stork　■全長112cm

・目の周りが赤い
・黒い嘴は太くて長い
・風切は黒い
・赤い足

日本の空を舞い始めた巨鳥

ツルに似た背の高い白い鳥。ツルよりも嘴が太くがっしりしている。かつては全国に生息していたが、乱獲や生息環境の破壊、農薬などによって激減し、野生繁殖個体は絶滅。ごくまれに大陸から渡来するほか、保護増殖事業で放鳥された個体や、放鳥個体が繁殖した子孫が野外で見られる。放鳥個体には足環がついている。水田や湿地、湖沼で魚やカエル、バッタなどを捕食する。雌雄同色で、嘴と翼の風切羽は黒く、足は赤い。

赤ちゃんは運ばない

赤ちゃんを運ぶ伝説で有名だが、これはヨーロッパに生息するシュバシコウという近縁種のこと。民家の屋根の上に巣をつくり、子育てすることからこの伝説が誕生したといわれる。

立つ

地上
冬
留

🎵　**鳴き声**　カタカタタタタタタと嘴を打ち鳴らす（クラッタリング）

アカガシラサギ ［赤頭鷺］

サギ科

ペリカン目サギ科アカガシラサギ属 *Ardeola bacchus* / Chinese Pond Heron ■全長 45cm

頭から胸が栗色

嘴は黄色で先端が黒い

翼は真っ白

夏羽

頭が栗色のサギ

頭が栗色のサギで、数はあまり多くない。本種の分布の中心は東南アジアで、ごく少数が旅鳥か冬鳥として、全国の湖沼や水田で観察される。近年観察例が増えており、熊本県や千葉県などでは繁殖したことも。南西諸島では比較的多く記録される。湖沼や水田を歩きながら昆虫やカエルなどを捕食。雌雄同色。夏羽は頭から胸にかけて栗色で、背中は濃い青灰色。翼と尾は白い。冬羽は頭から下面が白く、褐色の縞模様。背中は黒褐色。幼鳥は成鳥冬羽に似る。

白い翼と背中とのコントラスト

夏羽

翼が白く、頭や背中とのコントラストが明瞭。これは他種のサギ類にない特徴なので、飛んでいても本種だとわかる。

 立つ

 地上

 旅

 冬

鳴き声 クワーなどと鳴くが日本ではほとんど聞かない

| サギ科 |

アマサギ ［黄毛鷺］

ペリカン目サギ科アマサギ属　*Bubulcus ibis* ／ Cattle Egret　■全長51cm

- 橙色の嘴は短め
- 頭から首、胸が橙色
- 夏羽
- 足は黒いが繁殖期は黄色みを帯びる

「亜麻色の髪の乙女」ではない

夏羽の橙色が美しいシラサギ。夏鳥として九州以北に渡来するが、北海道では少ない。九州以南では越冬する。水田のほか、牧草地などの乾燥した草地も利用し、バッタやカエルを好んで捕食する。シラサギ類の中では、嘴が比較的太くて短い。雌雄同色。美しい橙色なのは繁殖期の春から初夏にかけてで、真夏には全身が真っ白になる。ただし頭頂に橙色の羽が残っていることがある。橙色の羽を亜麻色と表現することがあるが、亜麻色は淡い褐色で異なる。

昔は牛、今はトラクター

英名は牛（cattle）が移動するときに飛び出す昆虫を捕食する習性にちなむものだが、トラクターでもこの行動が見られる。特に稲刈りのコンバインにはたくさん集まる。

立つ / 地上 / 夏

鳴き声 グワー

チュウサギ [中鷺]

ペリカン目サギ科コサギ属 *Egretta intermedia* / Intermediate Egret ■全長69cm

短めの黄色い嘴で先端が黒い
短めの首
冬羽
足は黒い

カエルやドジョウが好きなシラサギ

ダイサギ(p.264)とコサギ(p.265)の中間サイズなのでチュウサギという和名がつけられた。夏鳥として本州と四国、九州に渡来し、西日本では越冬もする。水田や草地が生息環境。シラサギ類では最も首や嘴が短く、カエルやザリガニ、ドジョウ、バッタ類などをつまみ捕るのに適している。雌雄同色。目の先は黄色いが、婚姻色では赤くなる。嘴は、夏は黒く、冬は黄色くなる。類似種のダイサギとは大きさのほか、口角の切れ込みが目の後ろを越えないなどの違いがある。

美しい飾り羽

繁殖期には、雌雄ともに胸と背中にレース状の飾り羽が伸び、美しい姿となる。特に背中の飾り羽は長く、飛んだときに尾羽を越える。

立つ

地上

夏

鳴き声 グワァー、ゴァァー

 よく似ているシラサギ類3種の見分けについてはp.356〜357を参照

トキ ［朱鷺］

コウノトリ目トキ科トキ属　*Nipponia nippon* / Crested Ibis　■全長77cm

- 皮ふが露出した赤い顔
- 下に大きく曲がった黒い嘴は先が赤い
- うっすらと赤い美しい鴇色

絶滅から復活へ

全国に生息していたが、明治時代に乱獲され激減。1981年、残っていた5羽の野生個体が保護増殖事業のために捕獲され、野生絶滅した。その後、中国からの個体を元に再導入プログラムが新潟県佐渡島で開始され、2008年に飼育個体が放鳥された。12年に野生下でひなが誕生し、18年現在約350羽が野生復帰。多くは佐渡島にいるが、本州にも飛来する。水田に依存し、下に曲がった長い嘴でドジョウやミミズなどを捕食する。雌雄同色。

脂を塗りつけて変身

繁殖期は頭から背中にかけて黒灰色になる。これは頭頸部の皮ふがはがれた黒い色素の脂質を、水浴びのときに塗りつけて着色したもの。鳥でこのような色変わりの方法は珍しい。

立つ

地上

留

♪　鳴き声　カアーと聞こえる大きな声で鳴く

ソデグロヅル [袖黒鶴]

ツル目ツル科ツル属 *Grus leucogeranus* / Siberian Crane ■全長 135cm

赤い顔 / 真っ白な体 / 朱色の足

めったに見られない、翼の先が黒いツル

夏はロシア北極圏で繁殖し、冬は中国・揚子江中流のポーヤン湖などで越冬する大型のツル。世界的な希少種で、全世界での推定数は約4000羽。ごくまれに迷った個体が冬に飛来し、これまで北海道、本州、九州の水田や農耕地で記録がある。雌雄同色で翼の初列風切が黒く、これを衣服の袖に見立てたのが名前の由来。この特徴は翼をたたむと見えなくなってしまい、地上では全身が白く見える。顔の赤い部分には羽毛が生えていない。

幼鳥はきつね色

日本に渡来する個体は、幼鳥や若鳥であることが多い。幼鳥は全身がきつね色で、成鳥とはかなり違った印象。成長するにしたがって白い部分がだんだん増え、顔が赤くなっていく。

 立つ

 地上

 迷

鳴き声 クー　クワワ　クワワ

ツル科

カナダヅル [カナダ鶴]

ツル目ツル科ツル属 *Grus canadensis* / Sandhill Crane ■全長95cm

額は赤い
全身が灰色
ところどころに赤錆色

カナダ以外から飛来？

主な分布が北アメリカの小型のツル。毎年、鹿児島県出水平野にごく少数が渡来し、マナヅル(p.61)やナベヅル(p.64)の群れと一緒に越冬する。幼鳥を連れた家族群が見られることもあり、春先には求愛ダンスも見られる。出水以外にも全国各地で記録がある。雌雄同色で、成鳥は顔が赤く、正面から見るとハート形。全身が灰色で赤錆色の羽毛がところどころにある。この赤錆色は繁殖地の土で染まったもので、濃さには個体差がある。幼鳥は顔の赤色が淡い。

シベリアの個体群が渡来か

和名の通りカナダやアメリカが分布の中心だが、ロシア北東部にも繁殖する個体群がおり、この地域の鳥のごく少数が日本に渡来しているのではないかと考えられている。

立つ
地上
冬
迷

鳴き声 コォー コォー、グルルル

マナヅル ［真鶴］

ツル目ツル科ツル属　*Grus vipio* ／ White-naped Crane　■全長 127cm

ツル科

顔が赤い
首の後ろ側が白い
青灰色の体

赤い顔には羽が生えていない

とにかく大きいツル。翼を広げると2mを超える。冬鳥として鹿児島県出水平野に毎年渡来する。そのほかの地方では迷鳥。本種の生息数は全世界で5000〜6000羽と推定され、そのおよそ半数が出水平野で越冬する。「真鶴」と書くように、かつては全国で見られ、最も一般的なツルだったらしい。水生生物や穀物を食べる。成鳥は目の周りに羽毛が生えておらず、赤い皮ふが見えている。首の後ろ側は白く、体は青灰色。幼鳥の目の周りは赤くない。

\ マナヅルは
おいしい？ /

本種の漢字表記では、真菜鶴とすることがある。菜は食べ物という意味の古語で、本種が食べ物であったことに由来する説がある。時代によっては将軍しか食べられない貴重な食材であったという。

立つ

地上

冬

鳴き声 クルルル

ツル科

タンチョウ ［丹頂］

ツル目ツル科ツル属　*Grus japonensis* ／ Red-crowned Crane　■全長145cm

- 頭頂が赤い
- 顔と首が黒い
- 次列と三列風切が黒い

ツルといえばタンチョウ

北海道東部に留鳥として分布する日本最大のツルで、国の特別天然記念物。国外では中国東北部や極東ロシアに分布するのみ。北海道東部で繁殖するが、近年は分布が拡大しつつある。冬季は保護増殖事業のために設けられている、釧路湿原近くにある給餌場に集まって越冬する。魚やカエルなどの水生生物のほか、トウモロコシなどの穀物も食べる。雌雄同色。頭頂は赤く、首が黒い。尾羽のように見える黒い羽は翼の次列と三列風切で、尾羽は白い。

立つ／地上／留

和名は頭が赤いという意

「丹」とは古い言葉で赤という意味で、頭の頂が赤いから「丹頂」と名づけられた。この頭頂の赤い部分は羽ではなく皮ふで、興奮すると拡がる。

鳴き声　グルルル
オスがクォーと鳴くと続けてメスがカッカッと鳴き交わす

クロヅル［黒鶴］

ツル目ツル科ツル属　*Grus grus* ／ Common Crane　■全長115cm

- 頭頂は赤い
- 顔半分と首が黒い
- 全身が灰色

ヨーロッパでツルといえばこの鳥

ユーラシアに広く分布するツル。ヨーロッパでツルといえば本種のことで、英名の「common = 普通の」はそれにちなむ。冬鳥として、鹿児島県出水平野(いずみ)に毎年少数が渡来する。頭頂に赤い部分があり、首が黒く、タンチョウに似た色彩パターンだが、体が灰色で全体的に黒っぽいのでこの和名がつけられた。1万羽を超えるナベヅル(p.64)やマナヅル(p.61)の群れの中で本種を見つけ出すのはなかなか難しい。出水以外にも全国各地に迷行した記録がある。

ナベヅルとの雑種

本種はナベヅルと交雑することがあり、生まれた交雑個体は「ナベクロヅル」と呼ばれている。また、ナベクロヅルのオスとナベヅルのメスがつがいとなり、翌年幼鳥を連れてきたこともある。

 立つ

 地上

 冬

 迷

鳴き声 クルルル

63

ツル科

ナベヅル [鍋鶴]

ツル目ツル科ツル属　*Grus monacha* / Hooded Crane　■全長 100cm

- 黒い額
- 顔と首は白
- 体は濃い灰色

和名の由来は鍋底の色

日本に一番多く渡来するツル。最大の越冬地である鹿児島県出水平野(いずみ)には約14000羽が渡来し、これは全世界の約80〜90%にあたる。山口県周南市(しゅうなん)にも越冬地がある。その他の地域ではまれ。和名は体の濃い灰色が、すすけた鍋底を連想させることに由来。雑食性で小動物や穀物を食べる。雌雄同色で首が白く、頭に小さな赤い部分がある。幼鳥は首の白に褐色がまざり、頭の赤がない。大群でも、よく見ると両親と子どもの家族単位でいることがわかる。

 立つ
 地上
 冬

繁殖地と渡りのルート

出水の本種とマナヅルは衛星追跡調査が行われ、繁殖地と渡りルートが判明。その結果、中国東北部やロシア極東の湿原で繁殖し、朝鮮半島の非武装地帯が重要な中継地であることがわかった。

♪　鳴き声　クワー クワー、クルルル

シロハラクイナ ［白腹水鶏］

クイナ科

ツル目クイナ科シロハラクイナ属　*Amaurornis phoenicurus* / White-breasted Waterhen　■全長 32cm

嘴は黄色で
上嘴の付け根が
赤色

顔から腹まで
真っ白

下尾筒は赤茶色で、
尾羽を持ち上げると
目立つ

腹だけでなく顔まで白いクイナ

和名だと腹だけ白いように思えるが、実際は顔から腹までの体下面が真っ白なクイナ。南西諸島に留鳥として分布する。河川や湿地、水田などの水辺で見ることが多いが、畑や道路際などの乾いたところにも出てくる。これは食べ物が水生生物だけでなく、ミミズや昆虫などを捕食するため。警戒すると、尾羽をぴんと立てる独特のポーズをとる。雌雄同色で、顔から腹までが白く、嘴は黄色。上嘴の付け根が赤く目立つ。体上面は黒褐色。

分布が北上傾向

南西諸島が分布の中心だが、近年は西日本をはじめ、本州各地や北海道でも姿が見られている。また、西日本や関東、新潟などでは繁殖記録があり、分布が北上傾向にある。

横向き

地上

留

さえずり	コォッ コォッ
地鳴き	グェー　グェー

カッコウ ［郭公］

カッコウ目カッコウ科カッコウ属　*Cuculus canorus* ／ Common Cuckoo　■全長35cm

虹彩は黄色

縞模様は細い

翼の先端が下がる

カッコーと自分の名前を叫ぶ鳥

洋の東西を問わず、鳴き声が「カッコウ」と聞こえるらしく、和名も英名もカッコウ。オスは梢などの目立つ場所にとまり、翼をやや下げた独特の姿勢でもじもじしながら大きな声で鳴く。メスは「ポピピピ」と鳴く。夏鳥として九州以北に渡来。高原の森の鳥のイメージがあるが、平地の河川敷などにも普通に生息する。これはオオヨシキリ（p.102）などの托卵相手が開けた環境にすむため。昆虫食で毛虫が好物。雌雄同色で灰色の体と腹の縞模様が特徴。虹彩は黄色。

托卵先

托卵の習性をもつ。オオヨシキリやノビタキ、モズなど20種以上の托卵先が確認されている。写真は托卵に失敗し、ノビタキに追われる様子。

♪　さえずり　*カッコー カッコー*
　　地鳴き　*ゴアゴア、ポピピピピ（メス）*

 カッコウ、ツツドリ、ホトトギスの見分けについてはp.358〜359を参照

タゲリ［田鳧］

チドリ科

チドリ目チドリ科タゲリ属　*Vanellus vanellus* ／ Northern Lapwing　■全長32cm

- 長い冠羽
- 胸に黒い太い帯
- 緑や紫光沢のある翼

冬の水田の貴公子

頭に生える長い冠羽を風になびかせながら、胸を張って歩く姿はさながら水田の貴公子。翼は角度によって緑や紫に見える光沢のある色で美しい。冬鳥として本州以南の稲刈り後の水田や草地、河川などに群れて生息する。東北北部や北海道ではまれな旅鳥。北陸や関東では繁殖の記録がある。水生生物やミミズなどが主な食べ物で、歩いては止まり、歩いては止まりを繰り返す、視覚で探す典型的な千鳥足。足踏みして獲物を追いだす技ももつ。雌雄同色。

フワフワ飛ぶ

翼は先端が丸みのある独特な形をしていて、フワフワとした特徴的な羽ばたきで飛ぶ。英名も飛び方にちなむもの。冬の青空を背景に群れが飛ぶ光景には、なんともいえない美しさがある。

横向き

地上

冬

鳴き声　ミューとネコのような声で鳴く

ケリ [鳧]

チドリ科

チドリ目チドリ科タゲリ属　*Vanellus cinereus* / Grey-headed Lapwing　■全長 36cm

- 頭と首は青灰色
- 黄色で先端が黒い
- 胸に黒い帯状の輪
- 黄色い足

気性が荒い好戦的な鳥

繁殖期に近づくとものすごい剣幕で威嚇してくる鳥。留鳥として東北地方から九州北部にかけて局所的に分布し、水田などに生息している。東北の個体は冬にはいなくなる。水田の畔(あぜ)など地上に巣をつくる。犬や人など巣に近づくものには、「キリッ キリッ」とけたたましく鳴きながら激しく威嚇する。和名はこの鳴き声にちなむ。歩きながら昆虫類や小動物を捕食する。黄色の嘴と足が目立つが、全体的には褐色のため、地上でじっとしていると意外と目立たない。

横向き

地上

留

1970年代に繁殖地が拡大

1950年代は東北と関東でしか繁殖が知られていなかったが、70年代になると関西などの西日本に繁殖地を拡大した歴史をもつ。近年では九州北部でも繁殖を始めている。

♪　鳴き声　キリッ キリッ、クルル

68

ムナグロ ［胸黒］

チドリ目チドリ科ムナグロ属 *Pluvialis fulva* / Pacific Golden Plover　■全長 24cm

チドリ科

顔から腹まで黒い

黄褐色と黒のまだら模様

夏羽

幼鳥

胸だけが黒いわけじゃない

田植えの季節に飛来する美しいチドリ類。旅鳥として春と秋に姿を見せるが、秋は春に比べて個体数が少ない。群れで見られ、キアシシギ(p.319)やキョウジョシギ(p.321)などと一緒にいることも多い。関東以南では越冬個体もおり、沖縄や小笠原では越冬する。芝生や磯にいることもあるが、干潟ではあまり見ない。夏羽は顔から腹まで体下面が黒く、体上面は黄褐色と黒のまだら模様。冬羽や幼鳥は下面の黒がなく褐色。飛びながら「キョビー」とよく鳴く。

水田で観察

内陸部の水田は日本を通過するシギやチドリの重要な中継地。特に水を入れ始めた田植えの季節には、数多くの鳥が訪れる。農家の人の邪魔にならないよう配慮しながら、観察を楽しみたい。

横向き

地上

旅

冬

鳴き声 キョビー、ピッピーピッピ

オオジシギ ［大地鷸］

チドリ目シギ科タシギ属 *Gallinago hardwickii* / Latham's Snipe ■全長 30cm

細い過眼線がある

真っすぐで長い嘴は太め

ズビャークと鳴きながら空を飛び回る

草原にすむ嘴の長いずんぐりした鳥。夏鳥として北海道、本州、九州の草原や牧草地に渡来し繁殖する。6月頃にオスは「ジッジッ ズビャーク ズビャーク」と大きな声で鳴きながら飛び回り、「ザザザ」と尾羽で音を立てながら急降下する求愛飛行をする。木や電柱の上にとまって鳴くこともある。春と秋の渡りの時期には平地の水田などで見かけるが、草に隠れていて姿が見えにくい。地中の土壌動物を捕食する。雌雄同色で、枯れ草色の複雑な模様をしている。

日本が重要な繁殖地

世界でも日本とロシアの一部でしか繁殖していない鳥。なかでも北海道は個体数が多く、重要な繁殖地である。しかし、近年その個体数が減少傾向にあり、保全対策が始まっている。

やや立つ

地上

夏

🎵 鳴き声 ジッジッ ズビャーク ズビャーク

タシギ ［田鷸］

チドリ目シギ科タシギ属　Gallinago gallinago ／ Common Snipe　■全長27cm

シギ科

肩羽の白い斜線が並んでいるようにみえる

嘴が頭2つ分よりも長い

冬の水田にいるずんぐりした鳥

冬の水田で見られる嘴が長いシギ類。旅鳥として全国に渡来するが、関東以西では冬鳥として越冬する。水田以外にも湿地や河川、池や沼にも生息し、水際の土が湿った場所にいる。警戒心が強く、すぐに草の中に逃げ込んで姿を隠すが、じっとしているとまた出てくる。真っすぐで長い嘴を泥の中に差し込み、水生生物やミミズなどを捕食する。雌雄同色で、褐色と黒の複雑な模様はカムフラージュ効果を生み出す。飛ぶと次列風切の先端の白線が目立つ。

実は柔らかい嘴

シギ類の嘴は硬く、曲がらないように見えるが、実は先端が柔らかい。地中に差し込んだ嘴の先だけが開き、獲物をつまんで捕らえることができる。

鳴き声　ジェッと飛び立つときに鳴く

横向き

地上

冬

旅

ツルシギ [鶴鷸]

チドリ目シギ科クサシギ属 *Tringa erythropus* / Spotted Redshank ■全長32cm

- 白いアイリング
- 黒く細い嘴は下側の付け根だけが赤い
- 黒と白のまだら模様
- 夏羽
- 冬羽
- 足は赤黒い

気品ある姿がツルのよう

全身が真っ黒な美しいシギ類。スマートな姿がツルを連想させるのが和名の由来という説がある。旅鳥として全国の水田やハス田などの淡水湿地で見られ、秋よりも春に多い。関東以西では越冬することも。水深がある湿地を好み、ドジョウなどの魚や水生昆虫を捕食する。ときどき泳ぐことがある。雌雄同色。夏羽は全身が黒く、白いアイリングが目立つ。冬羽は体上面が褐色で白い斑点模様がアカアシシギ（右頁）と似ているが、本種は嘴の付け根の下側だけが赤い。

黒い夏羽が見たい

黒く美しい夏羽が見たいが、なかなか完全な夏羽には出会えず、冬羽から夏羽へ移行しつつある個体を見ることが多い。ハス田など内陸湿地の減少によって、数が少なくなっている。

やや立つ / 地上 / 旅 / 冬

 鳴き声 ピュイッ　ピュイッ

アカアシシギ [赤足鷸]

シギ科

チドリ目シギ科クサシギ属　*Tringa totanus* / Common Redshank　■全長28cm

夏羽

嘴の付け根は上下とも赤い

下面には細かい縦斑が並ぶ

足が赤い

足が赤いスマートなシギ

鮮やかな赤い足が印象的なシギ類。嘴も赤い。雌雄同色。旅鳥として、全国の干潟や水田、ハス田などに少数が渡来する。九州以南、特に沖縄では越冬する個体も多い。1972年に北海道野付半島でひなが見つかり、日本で初めて繁殖が確認された。繁殖地ではハマナスの上や杭の上にとまり、オスが「ピーヒュイユ ピーヒュイユ」とさえずる。あまり群れることがなく、単独で見ることが多い。嘴の付け根の上下が赤いが、秋は付け根が赤くない幼鳥も多い。

幼鳥は嘴が赤くない

本種と冬羽のツルシギ(左頁)はよく似ているが、本種は嘴の付け根が上下とも赤いのに対し、ツルシギは下嘴だけが赤いので見分けられる。幼鳥の嘴は赤くないので注意。

横向き

地上

旅

さえずり　ピーヒュイユ ピーヒュイユ
地鳴き　ピョ ピョ、ピーウー

シギ科

コアオアシシギ ［小青足鷸］

チドリ目シギ科クサシギ属 *Tringa stagnatilis* ／ Marsh Sandpiper ■全長 24cm

嘴は真っすぐで針のように細い

下面は純白

幼鳥

長い足は黄色か黄緑色

ハス田にいる華奢なシギ

真っすぐな細い嘴と長い足をもつシギ類。旅鳥として全国のハス田や池などの淡水湿地で見られ、干潟などにはあまり姿を見せない。本州以西では越冬することもある。かつては珍しい種だったが、近年は増加傾向にある。数羽の群れがやや深い水に立ち入り、せわしなく動き回る様子は見ていて飽きない。足が長く嘴が短めなので、前かがみの独特な採食姿勢になる。雌雄同色で足は黄緑色。類似種のアオアシシギ(p.318)は体が大きく、嘴が太くて上に反っている。

嘴に注目

シギの識別は似たような種が多いので難しいが、嘴の長さや太さ、曲がる方向に違いがあるので注目するとよい。嘴はどうかな？と意識するだけで違いが見えてくる。

横向き

地上

旅

冬

 鳴き声 ピッピッピッピ、ピョー

クサシギ ［草鷸］

シギ科

チドリ目シギ科クサシギ属 *Tringa ochropus* / Green Sandpiper ■全長22cm

- 白いアイリング
- 嘴は長めで先端が やや下向きに曲がる
- 冬羽
- 翼の羽縁に 白斑がならぶ

名前の通り、草地にいる

草が茂る休耕田や川岸などの淡水湿地にいるシギ類。旅鳥として春と秋に全国に渡来するが、関東以西では越冬する個体も多い。群れにはならず、単独または数羽でいる。尾羽を絶えず上下させる独特な動きをしながら歩き、水生生物などを捕食する。雌雄同色で、白いアイリングが目立つ。体上面は褐色で、翼の雨覆の羽縁に小さな白斑がある。嘴は細くて長めで先端がやや下向きに曲がる。学名の種小名は「淡い黄色の足」という意味だが、実際には黄緑色。

イソシギと間違いやすい

イソシギ(p.277)とは生息環境や体型、仕草がよく似ていて間違いやすい。わかりやすいのは、本種は飛んだときに尾羽が白いことと翼には何も線がないこと。どちらか迷ったときは飛ぶ瞬間に注目しよう。

 横向き
 地上
 旅
 冬

鳴き声　飛び立つときにリューイ　ピュイピュイピュイと鳴く

シギ科

タカブシギ ［鷹斑鷸］

チドリ目シギ科クサシギ属 *Tringa glareola* / Wood Sandpiper ■全長20cm

太く短めの嘴は真っすぐ

羽縁が白く離れて見るとまだら模様に見える

冬羽

足は黄色

背中の白斑模様が美しい

体上面の白い斑点模様が美しいエレガントなシギ類。淡水湿地の代表的なシギで、旅鳥として、全国のハス田や水田などに春と秋に渡来する。関東以西では越冬することもある。単独または数羽でいて、群れで見ることはあまりない。嘴を泥の中に差し込み、水生生物を捕食する。雌雄同色。タカ類の翼下面に見られる縞模様と似た模様が尾羽にあることが和名の由来だが、飛んだときにしか見えない。クサシギ(p.75)と似ているが、声がまったく異なる。

横向き

地上

旅

冬

英名は森のシギ

本種の英名は「森のシギ」という意味。これは繁殖地が森の湿地にあるから。地上営巣だが、樹上に巣をつくることがあるという。日本での様子からは想像できない一面だ。

🎵 鳴き声 ピッピッピッピッ

ヒバリシギ ［雲雀鷸］

シギ科

チドリ目シギ科オバシギ属　*Calidris subminuta* ／ Long-toed Stint　■全長 15cm

頭頂部は赤褐色に細かい縦斑

短い嘴はやや下向きに曲がる

夏羽

足は黄色

長い足が黄色い、小さなシギ

スズメほどの大きさの小型シギで、黄色く長い足が特徴。旅鳥として春と秋に全国の水田などの淡水湿地で見られ、干潟にいることは少ない。南西諸島では越冬する個体もいる。単独か数羽でいることが普通。色や体型、大きさなどがヒバリ（p.96）に似ていることが和名の由来。雌雄同色で、夏羽は背中に白いV字模様が明瞭だが、冬羽や幼鳥では目立たない。類似種のトウネン（p.324）とは嘴の細さや鳴き声、足の色が異なる。

姿勢に注意

シギ類の識別で意外に有効なのが、採食時の姿勢だ。本種は足が長めで嘴は短めなので、尻を上げた前傾姿勢になる。たくさんのシギがいるなかで、ちょっと姿勢が違う鳥がいたら、注目してみよう。

 横向き

 地上

 旅

鳴き声　ピリリ　ピリリ

シギ科

ウズラシギ ［鶉鷸］

チドリ目シギ科オバシギ属 *Calidris acuminata* ／ Sharp-tailed Sandpiper　■全長22cm

- 頭頂は栗色のベレー帽をかぶったよう
- 白いアイリングがある
- やや下に曲がり、黒っぽく付け根は黄褐色
- V字型の斑点が並ぶ
- 夏羽

頭が栗色でずんぐりしたシギ

頭のてっぺんが栗色で、ベレー帽をかぶっているように見えるシギ類。ムクドリ（p.46）ほどの大きさで、旅鳥として全国の水田やハス田などの内陸湿地へ春と秋に訪れる。群れをつくることはあまりなく、単独かほかのシギ類に混じっていることが多い。嘴は太くやや下向きに曲がっていて、水生生物を食べる。雌雄同色で、褐色と黒の複雑な模様とずんぐりした体型がウズラを連想させるのが和名の由来。夏羽は赤みが強いが、冬羽では赤みが目立たなくなる。

シギの群れ

シギ類の観察は、たくさんの鳥の中から変わった種を見つけ出す楽しみがある。群れの端からじっくりと望遠鏡で見ていくと、思わぬ種が混じっていることがある。

横向き

地上

旅

♪　鳴き声　プリプリ

タマシギ ［珠鷸］

チドリ目タマシギ科タマシギ属　*Rostratula benghalensis* ／ Greater Painted Snipe　■全長24cm

長い肉色の嘴は先端部が下に曲がる
白い勾玉模様
メス
目立つ白線
オス

メスの方が美しい

メスは色彩豊かで美しく、オスは地味な色の鳥。留鳥として東北以南の水田や湿地で繁殖するが、冬には暖地へ移動するものもいる。長い嘴でミミズや水生生物を捕食する。本種は一妻多夫の変わった繁殖形態をもち、繁殖時の雌雄の役割分担が多くの鳥と逆転している。メスがさえずって求愛し、オスが抱卵や子育てを行う。よく茂った草の中にいて姿が見えにくいが、「コオー　コオー」と聞こえるメスのさえずりで存在を知ることができる。長い嘴と大きな目が特徴。

和名の由来

目の周りの白い部分が古墳時代の装飾品である勾玉（まがたま）の形に似ているのが和名の由来という説と、翼に並ぶ丸い斑点模様が玉に見えるからという説がある。

鳴き声　コオー コオーとメスが鳴く

ツバメチドリ ［燕千鳥］

チドリ目ツバメチドリ科ツバメチドリ属　*Glareola maldivarum* ／ Oriental Pratincole　■全長 25cm

- 嘴の付け根が赤い
- 喉を囲むような黒い線
- のっぺりとしたクリーム色のような褐色
- 夏羽
- 足が長い

荒れ地にいるツバメのような鳥

基本的には旅鳥だが、関東以西では局所的に夏鳥として渡来し繁殖する。乾燥した農耕地や埋め立て地、荒れ地などにいる。軽快に飛びながら飛翔昆虫を捕食、地面でじっとしていたかと思うと急に舞い上がって捕食することも。雌雄同色。体上面が褐色で、土の上にいると目立たない。嘴の付け根が赤く、目の下から喉を通る黒い線が特徴。幼鳥は全体的に褐色で、目立つ模様がない。飛んでいる姿はまるでツバメ(p.40)だが、羽ばたきは比較的ゆっくり。

神出鬼没な鳥

荒れ地の鳥なので、埋め立てによる造成地ができると突然現れて繁殖することがある。ときには数羽が集まることも。まれな鳥だったが、近年は渡来数が増えている。

🎵　**鳴き声**　*クリリ クリリ* と鳴きながら飛ぶ

トビ [鳶]

タカ目タカ科トビ属　*Milvus migrans* ／ Black Kite　■全長 オス 59cm メス 69cm

- 虹彩は暗褐色で黒い目に見える
- 目の後ろは黒く眼帯のよう
- 成鳥は全身が赤褐色でところどころに白斑がある

トビだって立派なタカ

「鳶が鷹を生む」ということわざがあるが、本種はそもそもタカ類。最も普通に見られるタカ類で、羽ばたかず翼を広げて空を舞っていることが多い。留鳥として全国に分布するが、南西諸島ではまれ。農耕地、市街地など様々な環境に生息し、特に海岸部に多い。死んだ動物や魚、昆虫などを食べるほか、繁殖期には鳥やネズミなどの生きた獲物も捕獲しひなに与える。観光地では人の食べ物を奪うことも。翼の両端にある白斑と、三味線のばちのような形の尾羽が特徴。

飛ぶことに特化した大型のタカ

形態が飛ぶことに特化しており、体重が軽いのが特徴。翼開長が1.5mを超えるのに、体重はわずか約1kgしかない。これは翼開長が同じクマタカ（p.148）の3分の1である。

 立つ
 空中

 留

鳴き声 ピーヒョロロロロと飛びながら鳴く

タカ科

チュウヒ ［沢鵟］

タカ目タカ科チュウヒ属 *Circus spilonotus* / Eastern Marsh Harrier　■全長 オス 48cm メス 58cm

- 翼を水平より やや持ち上げ V字に保つ
- 成鳥の虹彩は 黄色。幼鳥は 暗色
- 顔を囲むように 線がある
- 羽色は個体によって 変化に富む。 これは灰色に近いタイプ

翼をV字にして飛ぶタカ

ヨシ原の上を滑るように飛ぶタカで、ほぼカラス大。冬鳥として全国に渡来するが、本州中部以北で局所的に繁殖する。湿原や湖沼、河口部に広がるヨシ原に生息し、地上や水上に浮き巣をつくる。翼をV字形に広げ、羽ばたかずにゆっくり滑るようにヨシ原の上の低い位置を飛翔し、ネズミや小鳥を見つけて捕食する。雌雄ほぼ同色だが、メスの方が大きい。羽色には個体差があり、大別すると褐色と灰色の2タイプあるが、褐色のものが多い。

不意打ちハンティング

本種の狩りの方法は、不意打ちハンティング。ヨシ原の上をゆっくりと飛び、地上付近の獲物を見つけると、急に方向転換して襲いかかる。いきなり上から襲われるから獲物は逃げる暇がない。

立つ / 空中 / 冬 / 留

♪　鳴き声　ピィーエ、キャキャキャ

ハイイロチュウヒ ［灰色沢鵟］

タカ目タカ科チュウヒ属 *Circus cyaneus* / Hen Harrier ■全長 オス45cm メス51cm

タカ科

- 初列風切が黒い
- 虹彩は黄色
- オス
- 全身が明るい灰色で下面が白っぽい
- 腰がはっきりと白い
- メス
- 白っぽい下面

黒と灰色のコントラストが美しい

オスは淡い灰色で、翼の先が黒いエレガントなカラス大のタカ。冬鳥として全国に渡来するが、数は少ない。ヨシ原がある湖沼や農耕地などに生息する。翼をV字形に広げてヨシ原の上を滑空するが、羽ばたき飛行も頻繁に行う。地上のネズミのほか、驚いて飛び立った小鳥を高速で追いかけて捕食する行動も見せる。メスは全体が褐色でチュウヒ（左頁）に似るが、体下面が白っぽく腰の白がはっきりと大きい。ただしチュウヒのオスにも腰が白い個体がいる。

顔盤で音を聴いている

タカにしては顔が平たく、少し変わった雰囲気がある。これは獲物の音が聞こえやすくなる顔盤が発達しているため。平たい顔が集音器の働きをして、獲物を見つける手がかりとなる。

立つ

空中

冬

鳴き声 ケケケケケと鳴くがあまり声を発しない

タカ科

ノスリ [鵟]

タカ目タカ科ノスリ属 *Buteo buteo* ／ Common Buzzard　■全長 オス52cm メス57cm

虹彩は暗色

こげ茶色で羽縁が淡い色のため、まだらに見える

腹に黒褐色の帯

愚鈍そうに見えてもじつは…

丸い頭と黒い目のため、おっとりした印象に見えるが、オオタカ(p.145)の獲物を奪い取ることもある。全国で見られるが南西諸島ではまれ。主に本州中部以北で繁殖し、西日本では冬鳥。繁殖期は平地から低山の森林に生息し、冬は農耕地や干拓地などで越冬する。主な獲物はネズミやモグラなどで、高いところにとまり、待ち伏せ型の狩りを行う。ホバリングもよくする。雌雄同色で腹の黒褐色の帯が目立つ。羽色はこげ茶色と白が基調だが、個体差がある。

幼鳥の虹彩は黄色

警戒心があまりない個体もいるが、幼鳥であることが多い。幼鳥は虹彩が黄色なので、少し精悍な面持ちに見える。成鳥の虹彩は暗色で黒目に見える。警戒心が強く、なかなか近寄らせてくれない。

立つ / 空中 / 留 漂

♪ 鳴き声　ピエー、フィーヨーなどと飛びながら鳴く

ケアシノスリ ［毛足鷲］

タカ目タカ科ノスリ属　*Buteo lagopus* ／ Rough-legged Buzzard　■全長 オス55cm メス59cm

タカ科

・・・虹彩は黄色

全身が白っぽく、
離れてみると
白い鳥に見える

羽毛に覆われた足 ・・・

尾羽は白く
黒い帯がある

草原にすむ白いノスリ

ノスリ（左頁）によく似ているが、第一印象は白いタカ。数少ない冬鳥として全国に渡来し、北日本に多い傾向がある。草原や農耕地、牧草地、河川敷などの開けた環境に生息する。主な獲物がネズミで、よくホバリングをして狙っている姿を見る。そのほか鳥や昆虫も捕食する。雌雄同色。全身が白っぽく、成鳥は喉から胸に黒褐色の縦斑がある。腹から脇にかけて黒褐色の帯があり、飛んだときによく目立つ。尾羽は上面が白く、黒い帯がある。

ノスリとの見分け

本種は尾羽上面が白く、黒い帯があるが（オスは数本、メスは1本）、ノスリの尾羽上面は褐色で黒い帯はない。体の色もノスリはクリーム色だが、本種は白く見え、コントラストがはっきりしている。

鳴き声 ピィーエー

立つ

空中

冬

フクロウ科

トラフズク ［虎斑木菟］

フクロウ目フクロウ科トラフズク属　*Asio otus* ／ Long-eared Owl　■全長 38cm

- 長い羽角
- 虹彩は橙色
- 和名の由来となった縦縞模様

耳のような羽角が目立つミミズク

羽角が長く、ウサギみたいなフクロウ。留鳥として本州中部以北に生息し、それ以南では冬鳥。昼間は農耕地や河川敷の木や竹の茂みで休み、夜間は獲物のネズミを求めて活動する。冬には1本の木に何羽か集まって寝ることがある。雌雄同色で、胸から腹の縦縞模様がトラの模様を連想させるのが和名の由来。この色彩は混み入った枝の中にいるとカモフラージュ効果を生み出す。警戒すると体を細くするので、そんなときはすぐにその場から離れたい。虹彩は橙色。

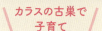

カラスの古巣で子育て

フクロウ類は樹洞営巣が普通だが、本種は樹洞を好まず、カラスなどの古巣を利用することが多い。厄介者とされるカラスだが、本種にとってはありがたい存在である。

♪ 鳴き声　ホォー ホォーと低い声で鳴く

コミミズク [小耳木菟]

フクロウ目フクロウ科トラフズク属　*Asio flammeus* ／ Short-eared Owl　●全長 38cm

虹彩は黄色

目の周りの黒い模様は形に個体差が大きい

黒褐色と褐色のまだら模様

ヨシ原を軽やかに舞う渡り鳥のフクロウ

ヨシ原や草原などの開けたところにすむフクロウ類。冬鳥として全国に渡来するが、南西諸島では少ない。夜行性だが、夕方から活動するので比較的観察しやすい。長い翼を軽やかに羽ばたいて飛翔し、ネズミを見つけると急降下して捕らえる。飛びながら翼を拍手するように打ち鳴らし威嚇することがある。雌雄同色で、顔の模様は個体差がある。羽角はあるかないかわからないほど短く、和名も英名もそれに由来。虹彩は黄色。類似種のフクロウ（p.153）は虹彩が黒い。

ネズミがいるかいないか

渡来数には波があって、たくさん来る年とほとんど来ない年がある。原因は獲物となるハタネズミの個体数で、ネズミが多い年には何羽も乱舞する光景が見られることも。

 立つ

 空中

 冬

| 鳴き声 | ギューワッ、ギュギュ |

ヤツガシラ科

ヤツガシラ [八頭]

サイチョウ目ヤツガシラ科ヤツガシラ属 *Upupa epops* / Eurasian Hoopoe ■全長 27 cm

- 特徴的な長い冠羽
- つるはしのような嘴
- 白と黒の縞模様の翼

里芋とは関係がない、変わった姿の鳥

長い嘴と冠羽の個性的な姿で、人気がある鳥。旅鳥として全国の農耕地や公園の芝生などの開けたところに現れ、3月頃に多く見られる傾向がある。日本海の島や南西諸島では毎年定期的に通過する。岩手県、長野県、広島県では繁殖記録があり、越冬例もある。下に曲がった長い嘴を使って、地中の昆虫やミミズなどを器用に捕食する。雌雄同色で、長い冠羽と白黒の縞模様の翼が特徴。飛翔時も縞模様がよく目立つ。里芋の八頭とは関係がない。

横向き / 地上 / 旅

和名は冠羽から

和名の由来は頭にある冠羽から。「八」は8枚ではなく多いという意で、多くの冠羽が頭にある鳥ということ。実際、冠羽は20枚近くある。興奮すると扇のように広げる。

♪ さえずり ポポポ ポポポ
　 地鳴き ギューイ（威嚇）

アリスイ ［蟻吸］

キツツキ目キツツキ科アリスイ属 *Jynx toroquilla* / Eurasian Wryneck ■全長 18cm

- こげ茶色の過眼線
- 黒や茶色、こげ茶色などの複雑な模様
- 尾羽は長め

キツツキにはまるで見えないキツツキ

樹皮のような色をした目立たない鳥。夏鳥として東北北部や北海道で繁殖し、冬は関東以西で越冬する。低木がまばらに生える河川敷やヨシ原が生息環境。巣は樹洞につくるが、巣箱もよく利用する。キツツキ類だが幹に垂直にとまらず、ふつうの鳥のように横枝にとまる。舌がとても長く、和名のとおりアリをなめ取るように捕食する。雌雄同色で隠蔽色のため目立たないが、「キィーキイキイ」と聞こえる猛禽類のような甲高い声を出す。

ジンクスの語源

本種は捕まると、首をくねくねと動かす奇妙な動きをするため気味悪がられ、不吉な鳥とされた。これが本来は不吉という意味のジンクス（属名のJynx）の語源になったという説がある。

 やや立つ

 樹上

 漂

鳴き声 キィーキイキイと甲高い声で鳴く

コチョウゲンボウ ［小長元坊］

ハヤブサ目ハヤブサ科ハヤブサ属 *Falco columbarius* / Merlin ■全長 オス 28cm メス 32cm

- 虹彩は暗色で黒目にみえる
- ハヤブサ類特有のひげ模様
- 体上面は青灰色
- 下面は赤茶色で黒い縦斑がある

オス

弾丸のようにすっ飛んでいく小型のハヤブサ

小鳥を専門に狙う小型のハヤブサ類。大きさはハト大だが、スマートなので少し小さく感じる。冬鳥として九州以北の農耕地やヨシ原などの開けた環境に渡来する。杭の上や電線などにとまって待ち伏せし、獲物を見つけると猛スピードで直線的に飛んでいき、小鳥などを襲う。チョウゲンボウ(p.34)のようなホバリングはほとんど見られない。オスは体上面の青みがかった灰色が美しい。メスは体上面が暗褐色で、胸から腹には褐色の太い縦斑が目立つ。

立つ / 空中 / 冬

少し高くなった場所にとまる

メス

とにかく広大な開けた環境にいるので見つけるのは一苦労。しかし、土の塊や杭の上など、少し高くなった場所にとまっていることが多いので、双眼鏡や望遠鏡などで丹念に探すと見つけられる。

♪ 鳴き声 キーキーキー

モズ ［百舌］

スズメ目モズ科モズ属　*Lanius bucephalus* / Bull-headed Shrike　■全長 20cm

- オスには黒い過眼線
- 上面は灰色
- かぎ状の嘴
- オス
- メス
- 目立つ白斑
- 長い尾羽

猛禽のような小鳥

かぎ状の嘴をもち、ときにはスズメも狩る猛禽のような小鳥。全国に留鳥として分布するが、北方や山地のものは冬に暖地へ移動する。農耕地や河川敷など開けた環境に生息し、公園などでも見られる。杭や柵などの上にとまり、地上の昆虫やトカゲなどに飛びついて捕食する。長めの尾羽を、円を描くように動かす特徴的な行動を見せる。オスは黒く太い過眼線があり、メスの過眼線は茶色。獲物をとげに刺す「はやにえ」という習性がある。

嘘つき鳥？

秋から冬にかけて、オスがカワラヒワやヒヨドリなど他種の声をまねた声を発してメスに求愛する。その習性から嘘つきという意味の百舌という和名がつけられた。

鳴き声　キュルキュルチュクチュクとつぶやくような小さな声
ギュンギュン、キーキー、キチキチキチなどいろいろな声を出す

モズ科

アカモズ [赤百舌]

スズメ目モズ科モズ属 *Lanius Cristatus* / Brown Shrike ■全長 20cm

白い眉斑は額で左右がつながる

体上面は美しい赤茶色

下面は白く、脇に淡い赤褐色

オス

白い胸と赤茶色のモズ

赤茶色の背中と純白の胸の対比が美しいスマートなモズ。夏鳥として九州以北に渡来し、繁殖する。1970年代前半までは東京郊外でも見られたが近年激減し、現在は局地的に生息するにすぎない。低木がまばらに生える開けた環境を好み、高原の草地や果樹園などの農耕地で見られる。飛翔昆虫をフライングキャッチで捕食する。雌雄ほぼ同色で、和名のとおり体上面が赤みの強い褐色。類似種のモズ(p.91)とは異なり、眉斑が額でつながっていて、胸が白い。

亜種 シマアカモズ

九州南部や南西諸島では亜種シマアカモズが繁殖している。オスは頭が灰色で体上面は灰褐色、メスも灰褐色で亜種アカモズとはかなり異なる。渡りの時期には日本海の島にも姿を見せる。

♪ さえずり ギュン ギュン キチキチキチ
地鳴き ギチギチギチ（警戒声）

コクマルガラス [黒丸鴉]

スズメ目カラス科カラス属　*Corvus dauuricus* ／ Daurian Jackdaw　■全長 33cm

目の後ろが灰色
幼鳥

顔と喉が黒い
後頸から下面は白
成鳥

ミヤマガラスと一緒にいる白黒カラス

ハト大で白黒のかわいいカラス。冬鳥としてミヤマガラス(p.94)の群れの中に数羽が混じっていることが多い。かつては主に九州地方へ毎年少数が渡来していたが、近年はミヤマガラスの分布域拡大にともない、局地的だが日本各地の水田で観察されている。雑食性で昆虫や小動物、穀物などを食べる。雌雄同色。これまで白黒の淡色型と全体が黒い暗色型があるとされてきたが、淡色型は成鳥で暗色型は幼鳥。成鳥は通称「シロマルガラス」と呼ばれる。

鳴き声に注意して探す

ミヤマガラスの大群の中から探し出すが、「キュン、キュン」というカラスらしくない独特の声を手がかりにすると発見しやすい。
写真：髙野丈

横向き

地上

冬

鳴き声 キュン キュン

カラス科

ミヤマガラス ［深山鴉］

スズメ目カラス科カラス属 *Corvus frugilegus* / Rook ■全長 47cm

額が高く嘴との段差がある

嘴が直線的で尖り、付け根が白い

嘴の付け根が白い渡り鳥のカラス

冬の水田で見られるカラス類で、大きさはハシボソガラス(p.37)とほぼ同じ。かつては冬鳥として九州地方のみに渡来したが、分布域が拡大して全国で見られるようになった。大集団をつくる傾向があり、千羽近い大群になることもある。収穫後の水田にいることがほとんどで、歩きながらタニシなどの小動物や落ち籾などを採食する。雌雄同色で成鳥は嘴と額に段差ができ、嘴の付け根が白っぽくなる。幼鳥の嘴の付け根は白くなく、ハシボソガラスに似ていて識別が難しい。

横向き

地上

冬

大集団のねぐら

常に大集団のカラスだが、ねぐら入りする前は特に数が増え、竜巻のように渦を巻いて空に舞い上がる光景は圧巻。いくつかの都市では市街地にねぐらがあり、軋轢を発生させている。

♪ 鳴き声 グアー グアー

ツリスガラ ［吊巣雀］

スズメ目ツリスガラ科ツリスガラ属　*Remiz pendulinus* / Eurasian Penduline Tit　■全長 11cm

- 黒い過眼線が正面でつながる
- 頭は灰色
- 過眼線は褐色
- オス
- 下面はクリーム色で斑や線がない
- メス

ヨシ原にいるサングラスをかけたような鳥

ヨシ原にいる小鳥。冬鳥として本州以南に渡来するが、分布の中心は西日本で九州に比較的多い。1990年頃には東日本でもよく見かけたが、その後ほとんどいなくなった。平地の河川や湖沼のヨシ原が生息環境。先が尖った短い三角形の嘴でヨシの茎を割り、なかに潜む昆虫を捕食する。オスは頭が灰色で、体は褐色。左右の過眼線がつながっていて、正面から見るとサングラスのように見える。メスは全体にオスの色を淡くした感じで、頭に灰色みがなく褐色。

吊巣をつくる

和名、学名、英名も「吊巣」をつくる習性から。ユーラシア大陸の繁殖地ではヤナギの種の綿毛などを使って袋状の巣をつくり、枝先にブランコのように吊り下げる。

 やや立つ
 樹上
 冬

鳴き声　チーチーチーなどと細い声で鳴く

ヒバリ科

ヒバリ [雲雀]

スズメ目ヒバリ科ヒバリ属 *Alauda arvensis* / Eurasian Skylark ■全長 17cm

- さえずったり興奮すると冠羽を立てる
- 細い過眼線がある
- 胸に褐色の縦斑
- 下面は白い

飛びながらさえずる
日本有数の歌い手

高い空から聞こえるさえずりは春の風物詩。留鳥として本州、四国、九州に分布し、北海道では夏鳥、屋久島以南ではまれ。平地の草原や河川敷、農耕地に生息し、地上に巣をつくるが、標高1500m以上の山の砂礫地でも繁殖する。さえずり飛翔は繁殖初期に見られる行動で、次第に地上でさえずるようになる。足が長めで、歩きながら昆虫類を捕食する。雌雄同色で、頭に目立つ冠羽があるのが特徴。「ビュル」と鳴きながら飛び立つ姿を見ることも多い。

やや立つ

地上

留

飛び方で鳴き声が変化する

上昇時は「チーチビ チーチビ」、ホバリング時は「チュクチー チュクチー ピチピチ ツゥイ ツゥイ」、下降時に「リュリュリュ ピー ピー」と飛び立ってから降りるまで一連の節回しでさえずる。

♪ さえずり チーチビ チーチビ チュクチュクチー などと複雑な節回し
地鳴き ビュル ビュル

96

ショウドウツバメ [小洞燕]

スズメ目ツバメ科ショウドウツバメ属 *Riparia riparia* / Sand Martin ■全長 13cm

ツバメ科

- 短い嘴
- 体上面は砂の色によく似た褐色
- 胸に褐色の帯がある
- 下面は白い

土の崖に巣をつくるツバメ

川岸や海岸の土の崖に穴を掘り、集団で繁殖する。夏鳥として北海道に渡来し、本州以南では旅鳥。「小洞」とは小さな穴のこと。営巣地の近くや湿地の上を飛びながら、飛翔している昆虫を巧みに捕らえる。エナガ(p.179)とならび、日本の鳥で最も嘴が短い。渡りの時期は本州以南でも通過する本種を見るが、特に秋には出会う機会が増える。雌雄同色で体上面は褐色、体下面は白い。尾はツバメ(p.40)のような燕尾ではなく、浅くへこんだV字形。

ヨシ原で眠る

秋の渡りの時期には、ヨシ原に集まって眠る習性がある。8月末にはツバメに混じって眠るが、9月になると本種だけで数万羽もの大集団となってねぐらをつくる。

やや立つ

空中

夏

旅

鳴き声 ジュクジュクジュクと飛びながらたえず鳴く

センニュウ科

マキノセンニュウ ［牧野仙入］

スズメ目センニュウ科センニュウ属　*Locustella lanceolata* ／ Lanceolated Warbler　■全長 12cm

- 頭から背には明瞭な黒い縦斑がある
- 体下面には細い縦斑がある
- 足は肉色

体上面のはっきりとした黒い縦斑

鳴き声を頼りに探す

姿を見つけるのは難しい。ハマナスの低い枝やシシウドの花の上などにとまってさえずることがあるので、鳴き声をたよりに観察を続けると、姿を見ることができる。

やや立つ

樹上

夏

虫のような声で鳴く地味な小鳥。スズメよりも小さい。夏鳥として北海道の平地の草原や湿地、牧草地に渡来するが、岩手や群馬、静岡でも繁殖した記録がある。本州以南では旅鳥だが、鳴かずに茂みの中にいるため気がつくことは少ない。和名は生息環境の牧野に由来。オスは虫のような声で、1分近く同じ調子で鳴き続ける。ふだんは草の中に潜行し、昆虫を捕食する。雌雄同色で、胸に細かい縦斑があるのが特徴。体上面は褐色で黒い縦縞が目立つ。

- さえずり　チリリリリリリリリリリ…
- 地鳴き　チュッ　チュッ

シマセンニュウ [島仙入]

スズメ目センニュウ科センニュウ属　*Locustella ochotensis* ／ Middendorff's Grasshopper Warbler　■全長 16cm

センニュウ科

- 白い眉斑と細い過眼線がある
- 背は褐色で不明瞭な縦斑があるが、よく見ないとわからないことも
- 足の肉色がよく目立つ

チョビチョビと鳴きながら飛ぶ

特徴的な模様がない褐色の地味な小鳥。夏鳥として北海道の湿地や草原、牧草地に渡来し、繁殖する。特に道北や道東に多い。本州以南では春と秋に旅鳥として通過する。日本海の島でも見られ、茂みの中でさえずることがある。オスは低い木の上や短い距離を飛びながらさえずる。草の中を移動しながら昆虫などを探して捕食する。雌雄同色で、不明瞭な過眼線があり、体上面は褐色で背中に暗褐色の不明瞭な縦斑がある。体下面はやや褐色気味の白色。

さえずり飛翔

繁殖期のオスは「チッチッ」と鳴きながら草のてっぺんに移動し、「チョビチョビチョビ」と鳴きながら飛び上がっては舞い降りる、さえずり飛翔を頻繁に見せる。

さえずり	チッチッチッ チョビチョビチョビ
地鳴き	チュッチュッ

やや立つ

樹上

夏

センニュウ科	# ウチヤマセンニュウ ［内山仙入］

スズメ目センニュウ科センニュウ属 *Locustella pleskei* / Styan's Grasshopper Warbler ■全長 17cm

- 白い眉斑は明瞭
- シマセンニュウに比べやや長めの嘴
- 肉色の長い足
- 長めの尾羽は丸尾

限られた島にしかいないセンニュウ類

シマセンニュウ(p.99)に酷似し、以前は同種と分類されていたが、現在は別種とされている。夏鳥として伊豆諸島、九州、紀伊半島沿岸の島に渡来し繁殖する。伊豆諸島ではササ原やススキ原に生息しているが、九州や紀伊半島では照葉樹林の縁などにすむ。昆虫やムカデなどを捕食する。オスは繁殖期に「チッチッ チュリチュリチュリ」と低木の高いところにとまりよくさえずる。雌雄同色で、顔の白い眉斑がよく目立つ。頭から体上面は灰褐色、下面は汚れた灰白色。

シマセンニュウとの識別

類似種のシマセンニュウとは嘴や尾羽が長いことが識別点だが、実際に野外で確認するのは困難。また、さえずりもとても似ている。繁殖地の違いで判断するのが確実。

 やや立つ
 樹上
 夏

♪ さえずり **チッチッ チュリチュリチュリ**
地鳴き **チュッ チュッ**

オオセッカ ［大雪加］

スズメ目センニュウ科センニュウ属　*Locustella pryeri* / Marsh Grassbird　■全長 13cm

センニュウ科

- 眉斑は淡い
- 黒くはっきりとした太い縦斑が目立つ
- 尾羽が長い

東アジアの数少ない小鳥

東アジアで局地的にしか生息しない世界的な希少種。日本では青森県や秋田県、千葉県の狭い範囲でしか繁殖が確認されていない。北東北で繁殖する個体は東北および関東で、北関東で繁殖する個体はそのまま留まるか東海地方で越冬する。生息環境は河川敷や湿地の広大なヨシ原。昆虫が主食。繁殖期のオスは「チュリチュリチュリ」と鳴きながら数m飛び上がる、さえずり飛翔を頻繁に行う。雌雄同色、体上面は茶褐色で黒い縦斑が目立つ。体下面は白い。

さえずり飛翔

繁殖期には「チュリチュリチュリ」と鳴きながら舞い上がり、元いたところに戻るさえずり飛翔を頻繁に繰り返すため、見つけるのは簡単。特徴的な鳴き声を覚えよう。

やや立つ / 樹上 / 留

- さえずり　チュリチュリチュリ
- 地鳴き　ギギ

101

ヨシキリ科

オオヨシキリ ［大葦切］

スズメ目ヨシキリ科ヨシキリ属　*Acrocephalus orientalis* / Oriental Reed Warbler　■全長 18cm

- 口の中が赤い
- さえずるときは羽毛が逆立つ
- 眉斑があるが、はっきりしない個体もいる
- 足は黒い

ヨシにとまり 大きな口を開けて鳴く鳥

夏の河川敷などで「ギョギョシ ギョギョシ ケレケレ」と大声でにぎやかに鳴く鳥。夏鳥として九州以北に渡来し繁殖する。近年、北海道では個体数が増加傾向にある。河川敷や湖沼のヨシ原に生息し、ヨシの1m程の高さにコップ状の巣をつくり繁殖する。昆虫食。繁殖期のオスはヨシの茎にとまり、最盛期には夜通し鳴き続ける。雌雄同色、頭から体上面から尾羽までは褐色。顔には眉斑があるが、不明瞭な個体もいる。しばしばカッコウ(p.66)に托卵される。

やや立つ／樹上／夏

一夫多妻

オスの20～30％は2～3羽のメスとつがいとなるが、縄張りをもってもメスとつがえないオスが15％もいるという。よく茂ったヨシ原に縄張りを構えたオスほど、たくさんのメスとつがいになれる傾向がある。

♪ さえずり　ギョギョシ ギョギョシ ケレケレ
　 地鳴き　ジェッ、ジャッ

コヨシキリ ［小葦切］

スズメ目ヨシキリ科ヨシキリ属 *Acrocephalus bistrigiceps* / Black-browed Reed Warbler ■全長 14cm

ヨシキリ科

- 黒い頭側線が本種の一番の特徴
- 白い眉斑は明瞭
- 下面は褐色ぎみの白

黒い頭側線が目立つ

湿地や草原にすむ小さなヨシキリ類。夏鳥として全国に渡来する。平地の湿原や高原の草原など、ヨシ原よりもオギなどが生える比較的乾燥した草地を好む。ヨモギなどの低い草にお椀形の巣をつくる。主に昆虫を食べる。オスは少し高い草の上で、複雑な声で長時間さえずる。さえずりには、カワラヒワ(p.51)やヒバリ(p.96)などの鳴きまねが含まれるという。雌雄同色。顔には黒くはっきりとした頭側線と過眼線が目立つ。体上面は褐色。口の中は黄色で喉は白い。

活発にさえずるのは独身

お気に入りのソングポストがいくつかあり、下には糞がたくさん落ちている。活発にさえずるのは独身のオスで、一度つがいを形成すると、ほとんどさえずらなくなる。

 やや立つ

 樹上

 夏

さえずり　ピーチュルピーチュルキリリリリリュージュジュジュ
地鳴き　ビュルルル

| セッカ科 |

セッカ ［雪加］

スズメ目セッカ科セッカ属　*Cisticola juncidis* ／ Zitting Cisticola　■全長 13cm

黒い過眼線が目立つ
明瞭な黒い縦斑
尾羽の先端が白い
肉色の長い足

ヒッヒッヒと鳴きながら飛び回る小鳥

初夏の河川敷で鳴き声が聞こえる鳥。留鳥として本州以南に分布し、北海道にはいない。河川敷の草地や水田などに生息し、スズメよりも小さく、両足を大きく開いて草の茎にとまる独特のポーズがかわいい。繁殖期のオスは、「ヒッヒッヒッ」と鳴きながら上昇し、「チャチャッ」と鳴きながら下降するさえずり飛翔を頻繁に行う。主な食べ物は昆虫。雌雄同色で、明瞭な白い眉斑があり、背には黒褐色の縦斑がある。尾羽の先端の白が目立つ。肉色の長い足も印象的。

口の中が真っ黒

大きな声でさえずる繁殖期のオスの口中は真っ黒。閉じていても嘴の付け根が黒くなるので肉色のメスと見分けられる。一夫多妻性で、11羽ものメスをもつオスが確認された。

横向き
樹上
留
漂

♪　さえずり　ヒッヒッヒッ チャチャッ チャチャッチ
　　地鳴き　チュッ

104

ギンムクドリ [銀椋鳥]

ムクドリ科

スズメ目ムクドリ科ムクドリ属 *Spodiopsar sericeus* / Red-billed Starling ■全長 24cm

- 頭はクリーム色
- 赤く先端は黒い
- 首から下はスパッと青灰色に色分けされる
- 翼と尾羽は黒い
- 足は橙色

嘴が赤いロマンスグレーのムクドリ

ロマンスグレーの羽色が美しいムクドリ。旅鳥または冬鳥。中国南東部が分布の中心だが、与那国島や石垣島では毎年群れが越冬する。全国的に観察例が増えており、九州では毎年のように越冬する。地上を歩きながら嘴を地中に差し込み、土壌動物を捕食したり、果実を食べたりする。オスは嘴が赤く、頭から胸がクリーム色、体は青灰色で翼と尾が黒い。メスはオスの色彩を淡くしたような色合い。飛ぶと翼の白斑が目立つ。ムクドリ(p.46)の群れに混じることも多い。

ムクドリ幼鳥にご用心

ムクドリ幼鳥

ムクドリの幼鳥には全体的に色が淡い個体がおり、本種と誤認することがある。ムクドリ幼鳥は頬が白く、翼に目立つ白斑がない。また、幼鳥が見られる夏に冬鳥である本種はいない。

横向き

地上

旅

冬

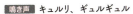
鳴き声 キュルリ、ギュルギュル

105

ムクドリ科

ホシムクドリ [星椋鳥]

スズメ目ムクドリ科ホシムクドリ属 *Sturnus vulgaris* / Common Starling ■全長 22cm

- 嘴は黒く先が鋭く尖る
- 光線の当たり方によって、青や紫に輝く
- 腹の白斑はハート形

日本では珍鳥、欧米では普通

白い星を散りばめたような模様が美しいムクドリ。冬鳥として少数が西日本を中心に越冬する。近年は観察例が増えており、関東でも毎年見られる。農耕地や干拓地でムクドリ(p.46)の群れに混じっていることが多い。地上を歩きながら昆虫類などを捕食する。雌雄ほぼ同色。日本で見られるのは冬羽で、嘴は黒く、紫や緑に輝く黒色の体に細かい白い斑点が散在する。胸の白斑はやや大きく、ハート形。ムクドリの群れの中でやや小さい個体を探すと見つかることがある。

海外ではものすごい大群に

国内ではムクドリの群れに単独か数羽が混じっていることがほとんどだが、ヨーロッパなどでは百万羽もの大群になることがあり、その集団飛翔はあたかも巨大生物のようだ。

鳴き声 ジャージャー、ギャーギャー

ツグミ [鶫]

スズメ目ヒタキ科ツグミ属　*Turdus naumanni* / Dusky Thrush　■全長 24cm

- はっきりとしたクリーム色の眉斑
- 胸に黒い帯
- 翼や背は赤褐色だが、個体によっては灰色もいる

亜種ツグミ

胸をはるような姿勢をする鳥

代表的な冬鳥で、全国の農耕地や山林、市街地の公園などの開けた環境に生息する。渡来後しばらくは樹木の果実を食べているが、食べ尽くすと地上に降りてミミズやコガネムシの幼虫などを捕食する。前傾して地面を跳ね歩き、胸をはるような姿勢で停止する。ときどき首をかしげるような仕草を見せるが、地中の獲物の音を聴いていると考えられている。飛び立つときや飛翔中に「キュキュキュ」と声を発する。雌雄ほぼ同色で、羽色に個体差がある。

亜種ハチジョウツグミ

体上面が灰色で、眉斑や喉から胸にかけて橙色の亜種ハチジョウツグミがまれに渡来する。橙色の濃さは個体によってまちまち。研究者によっては別種とする考え方もある。

さえずり　ポピリョン ポピリョンと渡る前に小声で鳴く
地鳴き　キュキュキュ　ケケケ　プルリ

ヒタキ科
ノゴマ ［野駒］

スズメ目ヒタキ科ノゴマ属　*Luscinia calliope* / Siberian Rubythroat　■全長 16cm

- 眉斑と顎線が白い
- 真っ赤な喉
- オス
- メス

赤い喉が目立つ、足が長めの小鳥

草原にすむ、赤い喉をした小鳥。夏鳥として北海道の平地から高山の草原や灌木林などに渡来する。春と秋の渡りの時期には、本州以南の市街地の公園でも出会うことがある。南西諸島では越冬する個体も。繁殖期の6月から8月には、オスがハマナスや牧場の柵などにとまり、声量のある涼しげな声でさえずる。主食は昆虫。オスは喉が赤く、目の先は黒い。頭と体上面は褐色で、白い眉と顎線、肉色の長い足が目立つ。メスは全体的に色彩が淡く、喉は白い。

野原にいるコマドリ

和名は野原にいるコマドリという意味。道東などでは民家の庭先でもさえずる個体がいる。最盛期には夜通しさえずり続けるので、眠れなかったという贅沢な話も聞く。

やや立つ
樹上
夏

- さえずり　ヒューヒョロリヒョリ チューウィーなどと複雑な節回し
- 地鳴き　チュイー

ノビタキ ［野鶲］

スズメ目ヒタキ科ノビタキ属　*Saxicola torquatus* ／ Common Stonechat　■全長 13cm

ヒタキ科

- 真っ黒な頭
- 翼に白斑
- 胸は橙色
- オス 夏羽
- 足は黒く長い
- 尾羽は黒い
- メス

黒い頭と胸の橙色がワンポイント

夏の高原で涼しげな声を聞かせてくれる小鳥。夏鳥として北海道、本州中部以北の草原に渡来する。春と秋の渡りの時期には、平地の水田や河川敷などでも普通に見られる。昆虫を主に食べ、木の上にとまって飛んでいる昆虫をフライングキャッチする。オスは草や有刺鉄線の上にとまり、よく通る涼しげな声でさえずる。夏羽のオスは頭と体上面が黒く、胸が橙色。翼には目立つ白斑がある。メスは頭から体上面、尾が褐色で、胸には淡い橙色がある。

珍種のヒタキ!?

冬羽

秋に通過する個体は冬羽になっており、黒い部分がない全身褐色のまったく違う鳥に見える。そのため、珍しい種のヒタキ類と誤認されることがよくあるので要注意だ。

やや立つ

樹上

夏

さえずり	ヒュルリピーヒュルリ ヒュルピー
地鳴き	ジャッジャッジャ（警戒声）

109

セキレイ科

ツメナガセキレイ ［爪長鶺鴒］

スズメ目セキレイ科セキレイ属 *Motacilla flava* / Yellow Wagtail ■全長 17cm

- 眉斑は黄色
- 体上面は緑がかった灰色
- 下面は鮮やかな黄色
- 尾羽の外側は白い

夏羽
亜種ツメナガセキレイ

後ろ指の爪が長いセキレイ

キセキレイ(p.285)に似た黄色いセキレイ。旅鳥として南西諸島や日本海の島を通過するが、北海道北部では少数が繁殖する。南西諸島では越冬もする。10以上の亜種があり、国内では5亜種が記録されている。北海道で繁殖するのは亜種ツメナガセキレイ。和名は後ろ指の爪が長いことにちなむ。尾羽を上下に振りながら歩き、昆虫類を捕食する。亜種によって羽色が異なり、亜種ツメナガセキレイの夏羽は眉斑が黄色で頭から体上面は黄緑がかった灰色。

困難な亜種の同定

国内には5亜種が記録されているが、従来考えられてきた亜種の識別点に疑問が呈されており、不明な点が多い。今後の研究で変わる可能性がある。

横向き

地上

旅 夏

♪ さえずり *チチチチッ ジジジッ チチチチッ*
　地鳴き *ジビッ*

ムネアカタヒバリ ［胸赤田雲雀］

スズメ目セキレイ科タヒバリ属 *Anthus cervinus* ／ Red-throated Pipit ●全長 16cm

セキレイ科

顔から胸がレンガ色
背中には明瞭な黒い縦斑がある
夏羽
三列風切が長い

西日本に多いレンガ色のタヒバリ

冬の水田などにいるレンガ色の鳥で、ヒバリの名が付くがセキレイ類。旅鳥または冬鳥として全国に渡来するが、西日本に多い。なかでも九州や南西諸島では出会う機会が多い。農耕地や芝生などの低い草が生える開けた環境で見られ、地面を歩き回って昆虫類や種子を食べる。雌雄同色。夏羽は頭から胸がレンガ色で、背に黒い縦斑がある。レンガ色は個体によって濃さに差がある。冬羽は赤みが淡くなり、ほとんど赤みがないものもいる。目の後ろの耳羽が茶色く見える。

タヒバリとの見分け

冬羽

夏羽はタヒバリ(p.112)との識別で迷うことはないが、問題は冬羽。いちばんの違いは背にある縦斑がはっきりしていること。また、タヒバリは「ピピッ」と鳴き、「チィー」と鳴く本種とは声も違う。

横向き

地上

鳴き声 チィー、チューイー

セキレイ科

タヒバリ ［田雲雀］

スズメ目セキレイ科タヒバリ属 *Anthus rubescens* / Buff-bellied Pipit ■全長 16cm

- 眉斑ははっきりしない
- 背の縦斑は不明瞭
- 冬羽
- 胸から腹に明瞭な縦斑がある

忙しく地面を歩く鳥

公園の芝生などでも見られるセキレイ類。冬鳥として全国に渡来し、農耕地や水田、河原、海岸など開けた環境に生息する。尾を上下に振る仕草はいかにもセキレイらしい。単独か数羽で地面を歩き回り、昆虫や種子を採食する。雌雄同色。冬羽は頭から体上面が褐色で不明瞭な縦斑がある。体下面は白地に明瞭な縦斑が並ぶ。夏羽は体上面が灰色で体下面の白は赤みを帯びる。じっとしていると、羽色のカムフラージュ効果で見つけにくい。

横向き

地上

冬

間違いやすい種類

初心者のうちは類似種のビンズイ(p.213)との識別で悩まされるが、生息環境で判断できる。本種は開けた場所にいるが、ビンズイは松林などの林内の鳥。一緒にいることはまずない。

 鳴き声 **ピピッ、チュッ**

ベニヒワ ［紅鶸］

スズメ目アトリ科マヒワ属　*Carduelis flammea* / Common Redpoll　■全長 14cm

アトリ科

- 額が赤い
- 白い翼帯がある
- オス
- 喉から胸がうっすらと赤い
- 脇腹には太い縦斑

小さな赤い帽子をかぶった小鳥

額が赤い小鳥。冬鳥として日本全国に渡来し、北海道と本州北部に多い。西日本ではまれ。大群が来る年もあればほとんど来ない年もある。マヒワ(p.215)の群れに混じっていることも多い。森林と草原のどちらでも見られ、樹木の種子を食べたり、草の種子を食べたりする。とがった嘴でカラマツの実から器用に種子を取り出す。オスは額が赤く、胸にも淡い赤色がある。目先が黒く、少し怖い印象の顔をしている。メスは頭だけが赤く、体は灰色で褐色の縦斑がある。

種が大好物

草原ではマツヨイグサやナギナタコウジュなどの草の種子を狙ってやってくる。山林ではカラマツやハンノキの種子を好む。冬枯れの草原で大群に出会えたら嬉しい。

 横向き

 樹上

 冬

鳴き声 ジュジュジュジュとつぶやくように鳴く

アトリ科

ハギマシコ [萩猿子]

スズメ目アトリ科ハギマシコ属　*Leucosticte arctoa* / Asian Rosy Finch　■全長 16cm

- 後頭部は黄色みのある褐色
- 三角形に尖る黄色い嘴
- メス
- 下面に赤紫色の斑点
- 尾羽の先端はM字形

萩の花を散りばめた羽色の小鳥

派手さはないが、繊細な色彩の美しい小鳥。大きさはスズメほど。オスの体下面に散らばる赤紫の斑点を萩の花に見立てたのが和名の由来。冬鳥として全国に渡来するが、北日本に多く、西日本では少ない。農耕地などのほか、海岸や山地の崖や岩場などに群れていることが多く、地上を歩きながら植物の種子をついばむ。オスは全体的に黒っぽい羽色で、体下面に点在する赤紫の斑点が特徴。メスはオスの羽色を淡くした感じで、赤みがほとんどない。

横向き / 地上 / 冬

崖が好き

オス

森の鳥というよりも、崖の鳥といったほうがふさわしい。崖には風によって運ばれた種子が吹きだまることがあり、食べ物が多いのだろう。

♪　鳴き声　ジュンジュン、ピピピ

ベニマシコ ［紅猿子］

スズメ目アトリ科ベニマシコ属　*Uragus sibiricus* ／ Long-tailed Rosefinch　■全長 15cm

- 太く短い嘴
- 白い2本の翼帯が目立つ
- 熟したイチゴのような赤
- オス 冬羽
- メス
- 黒く長めの尾羽の両端が白い

ヨシ原で出会いたい赤い小鳥

冬のヨシ原で出会いたい赤い小鳥。「ピッポッ」と口笛のような声で鳴く。本州以南では冬鳥として渡来し、河川敷や農耕地、埋め立て地などに生息する。北海道や青森県では夏鳥で、湿地や灌木林で繁殖する。繁殖期は昆虫を食べるが、秋から冬は草の種子を食べ、セイタカアワダチソウの種子が好物。オスの冬羽は淡いピンク色で、額や頬が白く目立つ。夏羽では赤がいっそう濃くなる。メスは夏羽冬羽ともに全体が褐色。雌雄ともに翼に2本の白い線がある。

イチゴ色になる

夏羽

和名の猿子とは、羽色がサルの顔のように赤いことにちなむ。本種はさらに紅までつくほどの赤い鳥という意味だ。オスの夏羽はまさに熟したイチゴみたいに真っ赤になる。

さえずり　ピュルリ ピッチュなどと短く鳴く
地鳴き　ピッポ　ピッ ピッ ピッポ

ツメナガホオジロ ［爪長頬白］

スズメ目ツメナガホオジロ科ツメナガホオジロ属 *Calcarius lapponicus* / Lapland Longspur ■全長 16cm

- 体上面には縦斑
- 後頸が赤褐色
- 顔は淡いクリーム色で、耳羽を囲むように黒い線がある
- オス
- 下面は白色で、脇の胸に縦斑がある
- メス
- 体に比べて尾羽が短い

どちらも冬羽から夏羽へ移行中

後ろ指の爪が長い

数少ない冬鳥として、北海道や本州中部以北の海岸や河川敷の草地に渡来する。裸地などに、数羽から数十羽ほどの群れで見られることが多い。ユキホオジロ（右頁）の群れに単独で混じっていることがある。地上で草の種子を採食する。オスの夏羽は頭頂や目先、頬、喉が黒く、後頸が赤褐色。体下面は白い。メスは顔が淡いクリーム色、耳羽を囲む黒い線がある。後頸は赤褐色。脇に黒い縦斑がある。オスの冬羽はメスに似るが、胸に縦斑がある。

よだれかけのような縦斑

冬羽は、ほぼ雌雄同色なので見分けが難しいが、オスの胸にはよだれかけのような模様の縦斑がぼんやりと見えるので識別できる。また、メスは後頸の赤褐色が淡い。

♪ さえずり ヒョウヒュルリヒーチュルリー
地鳴き キリッ キリッ、ビッ ビッ

ユキホオジロ ［雪頬白］

スズメ目ツメナガホオジロ科ユキホオジロ属　*Plectrophenax nivalis* ／ Snow Bunting　■全長 16cm

ツメナガホオジロ科

- 黄褐色の耳羽
- 黒い縦斑
- 嘴は黄色い
- 冬羽

北海道名物の白いホオジロ

冬の北海道で出会いたい白い小鳥。冬鳥として主に北海道に渡来するが、北日本の海岸などにも少数が飛来する。渡来数の年変動が激しく、まったく来ない年もある。海岸の草地や農耕地で数羽から数十羽の群れでいるが、100羽以上の大群になることも。ハマニンニクなどの草の種子が好物で、地上を歩きながら採食する。雪のように白いことが和名の由来。冬羽のオスは、耳羽の褐色が目立つ。メスは褐色部が濃い。翼の先が黒く、飛ぶと白とのコントラストが美しい。

夏羽はもっと白い

夏羽

国内で見られるのはまず冬羽だが、オスの夏羽は茶色がなくなり、白と黒のさらに美しい姿に変身する。3月末に出会えれば、美しい夏羽に変わりつつある個体が見られるかもしれない。

横向き

地上

冬

鳴き声　ピッピピピ

ホオジロ科

ホオジロ ［頬白］

スズメ目ホオジロ科ホオジロ属　*Emberiza cioides* ／ Meadow Bunting　■全長 17cm

過眼線と耳羽は黒い

胸から腹は赤味のある褐色で、何も斑がない

オス 夏羽

尾羽の両脇は白い

メス

一筆啓上仕り候と鳴く鳥
（いっぴつけいじょうつかまつりそろ）

顔が白黒で体はスズメのような色の鳥。本州以南では留鳥だが、北海道では夏鳥。農耕地や河川敷、林道脇などで普通に見られる。和名は頬の一部が白いことに由来するが、さほど目立たない。オスは繁殖期に目立つところにとまってさえずり、「一筆啓上仕り候」と聞きなされる。主な食べ物は草の種子や昆虫。オスは白い顔に黒い過眼線と顎線があり、胸から腹は赤みのある褐色。飛ぶと腰の赤褐色と尾羽両脇の白が目立つ。メスはオスよりも淡色で顔の線が褐色。

チチッと2〜3回鳴く

ふだんは草の中にいて姿を見せないことも多いが、たいてい「チチッ」と2〜3回ずつ鳴く独特の地鳴きを発しているので存在はすぐにわかる。声がするあたりでしばらく待っているとやぶから出てくる。

やや立つ
地上
留

さえずり　チョッピー チリー チョ
地鳴き　チチッ、チチッ

ホオアカ［頬赤］

スズメ目ホオジロ科ホオジロ属　*Emberiza fucata* / Chestnut-eared Bunting　■全長 16cm

頬が栗色
胸にT字の帯と茶色の線
夏羽

ほっぺたが栗色の小鳥

頬の栗色が目立つスズメ大の小鳥。留鳥または漂鳥として屋久島以北に分布するが、北海道と東北では夏鳥。草が密生している草原よりも、灌木が混じる乾いた草原を好む。灌木の上にとまりホオジロ（左頁）の声を短くしたような声でさえずる。冬は平地のヨシ原や農耕地に生息。雌雄ほぼ同色で、胸に黒いT字の帯と茶色のネックレスのような線がある。冬羽では赤みがなくなり、全体に淡い羽色に変化する。英名は「栗色の耳のホオジロ」という意。

胸の特徴的な模様

繁殖期のオスは目立つ場所にとまり、盛んにさえずる。胸の黒いT字形の帯と茶色のネックレスのような線がよく見えるので、観察しよう。

 やや立つ
 地上
 漂
 留

さえずり	チョッピッ チュルリルなどと繰り返し鳴く
地鳴き	チッ、チッ

ホオジロ科

コホオアカ [小頬赤]

スズメ目ホオジロ科ホオジロ属 *Emberiza pusilla* / Little Bunting ■全長 13cm

- 頭の中央には明瞭な線がある
- 赤茶色の耳羽には黒い縁取り線がある
- 胸に黒褐色の縦斑
- 夏羽

小さくて顔が赤いホオジロ

日本で見られるホオジロ類で最も小さい。旅鳥として春と秋に全国で観察されるが、数は少ない。日本海の島や南西諸島では定期的に観察されている。草地や農耕地などの地面を歩きながら植物の種子を食べる。単独で見られることが多い。雌雄同色で、夏羽は白いアイリングが目立ち、顔が赤いのでほかのホオジロ類との見分けはそれほど難しくない。冬羽や幼鳥には赤みがなく、カシラダカ（右頁）に似ているが、腹の縦斑が黒いので見分けられる。

他種に混じることも

本種は、地上で種子を探しながら単独で歩いているのを見るのがほとんどだが、ときにはホオジロ類の他種と一緒にいることもある。群れに混じっていないか注目しよう。

♪ 鳴き声 チッ チッとホオジロ類の他種と同じような声

カシラダカ [頭高]

スズメ目ホオジロ科ホオジロ属　*Emberiza rustica* / Rustic Bunting　■全長 15cm

ホオジロ科

- 小さな冠羽はあまり目立たない
- 眉斑は白い
- 胸と脇腹に茶色の太い縦斑
- 冬羽
- 夏羽

冠羽が和名の由来

和名はタカのなかまのようだが、頭の冠羽が高く見えるのでこの名がついた。ただ、冠羽はそれほど立ち上がらない。冬鳥として全国に渡来し、北海道では旅鳥。青森、佐賀、対馬では夏にも記録がある。開けた環境を好み、群れで地上を歩きながら植物の種子を採食する。冬羽は雌雄同色。体下面は白く、脇に赤褐色の縦斑があるのが特徴。春にはオスが頭の黒い夏羽になり、梢でさえずる姿を見せる。類似種のホオジロ(p.118)の体下面は赤褐色で縦斑がない。

急激に減少している

ごく普通に見られる種だったが、近年急激に個体数が減少し、世界自然保護連合のレッドリストで絶滅危惧種に指定されている。減少原因は今のところ不明。

やや立つ

地上

冬

さえずり	ピュルピルピュルピルとヒバリに似た複雑な声
地鳴き	チッチッ

ホオジロ科

シマアオジ [島青鵐]

スズメ目ホオジロ科ホオジロ属 *Emberiza aureola* / Yellow-breasted Bunting ■全長 15cm

顔が黒い
よく目立つ翼の白斑
下面は鮮やかなレモン色
オス 夏羽
メス

涼しげな声でさえずる黄色いホオジロ

初夏の北海道の草原を象徴する小鳥で、オスはハマナスなどにとまり、涼しげな声でさえずる。夏鳥として北海道に渡来し繁殖するが、青森と秋田でも繁殖記録があり、渡りの時期には日本海の島でも見られる。海岸近くや平地の灌木林や草原、牧草地に生息し、昆虫や草の種子を採食する。オスは顔が黒く、体上面は赤褐色。翼に大きな白斑がある。体下面は鮮やかなレモン色。メスの体下面も黄色で、顔に黄色の眉斑があり、体上面は褐色で黒い縦斑がある。

絶滅寸前の危機

1980年代までは北海道の各地で見られたが、その後、急速に激減。現在は北海道北部の数カ所でしか生息が確認されておらず、日本で繁殖する鳥で最も国内絶滅の危機に直面している種。

やや立つ
樹上
夏

さえずり ヒーヒー ホー リョーリョと涼しげな声
地鳴き チッ チッ

コジュリン [小寿林]

スズメ目ホオジロ科ホオジロ属　*Emberiza yessoensis* / Japanese Reed Bunting　■全長 15cm

ホオジロ科

- 頭と喉が真っ黒
- 体上面は黒い縦斑がある
- 下面には目立った模様がない

オス 夏羽

黒いヘルメットをかぶったホオジロ

オスの夏羽は頭に真っ黒なヘルメットをかぶっているかのようで、「鍋かぶり」という異名をもつ。夏鳥または漂鳥として本州と九州で繁殖するが、分布は局地的。熊本県では高原の草原で、東北と関東では低地の湿原で繁殖する。冬は本州中部以南のヨシ原や草原で越冬するが、関東の繁殖地ではそのまま留まる個体もいる。オスの夏羽は頭が真っ黒で、体上面は赤褐色に、黒く太い縦斑が並ぶ。メスは頭頂と耳羽、顎線が黒い。オスの冬羽はメスと似た羽色になる。

北海道にはいないのに

冬羽

種小名の*yessoensis*は北海道の古い呼び名の蝦夷という意味だが、本種は北海道にいない。明治時代に剥製が函館で得られたため、北海道産と誤解・命名されたという説がある。

　やや立つ
　樹上
　夏
　漂

さえずり　ピッピピ ピチュリなどとホオジロに似た声だが短い
地鳴き　チッ チッ

ホオジロ科

オオジュリン [大寿林]

スズメ目ホオジロ科ホオジロ属　*Emberiza schoeniclus* / Common Reed Bunting　■全長 16cm

- 頭や喉、胸が黒い
- オス 夏羽
- 頬にヒゲのような白線
- 下面は白く模様がない
- メス

ヨシの茎をバリバリとつつく鳥

やや立つ

樹上

漂

鳴き声が「チュリーン」と聞こえるので、「ジュリン」という和名がついた。北海道と東北北部の草原で繁殖し、冬は本州以南のヨシ原で越冬する。繁殖期は昆虫類が主食で、冬はヨシの茎の中に潜むカイガラムシなどを捕食する。オスの夏羽は頭が黒く、頬に白い線が1本入るのが特徴。体上面は赤褐色で黒い縦斑が並ぶ。体下面は汚白色。メスの夏羽は頭が赤褐色で眉斑と頬線は白色。黒い顎線が目立つ。冬羽は雌雄ほぼ同色で、メス夏羽の色彩を淡くした印象。

黒い頭の秘密

冬羽

オスの頭の色は、冬と夏で茶色から黒に変わるがこれは羽毛が生え換わるためではない。冬羽の頭部の羽毛は先端が茶色でその下が黒色になっており、春になると先端が摩耗して下の黒が現れる。

♪　さえずり　チッ チュイーン ジューなどとゆっくりしたテンポ
　　地鳴き　チュイーン

エゾライチョウ ［蝦夷雷鳥］

キジ目キジ科エゾライチョウ属　*Tetrastes bonasia* ／ Hazel Grouse　■全長 36cm

キジ科

- 目の上に赤い肉冠がある
- 短い冠羽がある
- 頬にヒゲのような白線

オス

森にすむライチョウ

北海道の森にすむライチョウ類。ハトよりも大きく、ずんぐりとした体型。留鳥として北海道の平地から亜高山帯までの森林に生息する。林道を歩いていると突然飛びたち、近くの木の枝にとまる姿を観察することが多い。ほぼ植物食で葉や芽、種子などを食べるほか、果実も好きで木の上で採食する。雌雄ともに全身が褐色に白いうろこ模様の羽色で、オスは喉が黒く目の上に小さな赤い肉冠がある。メスは目の上に赤い肉冠がなく、喉もオスほど黒くない。

ひなでも飛べる

本種のひなは成長が早く、誕生から数日間で短距離ならば飛べるようになる。地上はキツネなどの天敵がいて危険なため、飛んで逃げられる個体が生き残って進化したのだろう。

 横向き

 地上

 留

鳴き声　ピィーッ　ピピッピピーなどと非常に甲高い声で鳴く

ライチョウ [雷鳥]

キジ目キジ科ライチョウ属 *Lagopus muta* / Rock Ptarmigan ■全長 37cm

目の上に赤い肉冠
オス 秋羽
メス 冬羽
オス 夏羽
尾羽は黒い

雷が鳴ると現れる鳥

横向き

地上

留

高山にすむ鳥で国の特別天然記念物。南北アルプスを中心にして局地的に分布し、標高2500m以上のハイマツが生える環境に生息する。主に高山植物の芽を食べるが、昆虫も捕食する。オスは繁殖期に「ゴァオー」とカエルのような声で鳴き、両翼を下げてメスに求愛する。鳥としては非常に珍しく年に3回換羽を行う。春はオスが黒褐色でメスが黄褐色の夏羽となり、秋には雌雄ともに黒褐色の秋羽、冬には全身真っ白な冬羽に換わる。

足まで羽毛に覆われる

一年中、高山の寒さの厳しい環境にいるため、足にもびっしりと羽毛が生えている。学名の*Lagopus*はウサギのような足という意味で、羽毛の生えた足の特徴を表している。

♪ さえずり オス：ゴァオー
地鳴き メス：クゥクゥ

ヤマドリ ［山鳥］

キジ目キジ科ヤマドリ属　*Syrmaticus soemmerringii* / Copper Pheasant　■全長 オス 125cm メス 55cm

キジ科

顔が赤い
オス
メス
非常に長い尾羽には赤褐色の縞模様
うろこ模様の赤銅色

世界に誇る美しい日本固有種

山林にすむ美しい赤銅色のキジ類。尾羽が長いものでは85cmもあり、日本の鳥で最長。日本固有種で本州、四国、九州に分布する。下草がよく茂った林に生息し、やぶの中の地上にいて姿を見るのは難しい。ごくまれに、攻撃的なオスが人間に対して躊躇なく接近してくることがある。基本的には植物食でシダやササなどの葉や芽、ドングリなどを歩きながら採食する。オスは体が赤銅色で無数の白斑が点在し、美しい。メスは褐色のまだらで尾羽は短い。

日本鳥学会の鳥

羽色の違いから5つの亜種に分けられ、九州南部には腰が白い亜種コシジロヤマドリがいる。非常に美しく日本鳥学会のシンボルバードとなっている。写真：樋口広芳

横向き

地上

留

さえずり　オスは翼をはばたきドドドドという音を出す
地鳴き　クックックと小さな声を出すこともあるがあまり鳴かない

127

キジ科

コジュケイ ［小綬鶏］

キジ目キジ科コジュケイ属 *Bambusicola thoracicus* / Chinese Bamboo Partridge　■全長 27cm

頬から喉が赤茶色

青灰色の胸

チョットコイと鳴く外来種

森にすむずんぐりした鳥。中国南東部の鳥だが、1918年に愛知県、19年に神奈川県に放鳥され、日本に定着した外来種。宮城県以南の本州、四国、九州などに留鳥として分布する。平地から低山の森林やその周辺に生息し、数羽の群れで地上の昆虫や種子などを採食する。オスは繁殖期に「チョットコイ」と聞こえる大きな声で鳴く。雌雄ほぼ同色。本種をウズラと誤認する例があるが、ウズラは森林には生息せず、羽色も大きさも異なる。

横向き

地上

留

木の枝にとまって鳴く

大きな声を頼りに探すことが多いが、意外と見つからない。そんなときは地上ではなく1.5mほどの高さの枝を探すと、とまって鳴いているオスが見つかることがある。

♪　さえずり　ビィーッチョグイ
　　地鳴き　ピャー、キャキャキャ、コココココ

128

カラスバト [烏鳩]

ハト目ハト科カワラバト属 *Columba janthina* / Japanese Wood Pigeon ■全長 40cm

ハト科

亜種カラスバト

緑光沢がある首

足は赤い

島にすむ大きな黒いハト

カラスのように黒い羽色が和名の由来。本州中部以南の島に留鳥として分布している。日本以外には韓国の一部にしかおらず、ほぼ日本固有種。よく茂った常緑樹林に生息し、主に果実を採食する。果実を求めて島間を移動する。「ウーウー」と聞こえる声で鳴くため「ウシバト」の異名がある。雌雄同色。亜種カラスバトは全身が黒く、首や胸に光沢のある緑色、足は赤い。小笠原諸島と硫黄列島に生息する亜種アカガシラカラスバトは頭部に赤みがある。

ネコによって数が激減

小笠原の亜種アカガシラカラスバトは、人が持ち込んだネコの捕食によって激減したが、現在はネコ対策などが行われ、徐々に個体数が回復傾向にある。

横向き

樹上

留

鳴き声 ウーウウーッなど、うなるような声

ハト科

アオバト ［緑鳩］

ハト目ハト科アオバト属　*Treron sieboldii* / White-bellied Green Pigeon　■全長 33cm

全身が鮮やかな黄緑色

脇腹から下尾筒に縦斑がある

オス

オスは赤紫色

メス

海水を飲む緑色の美しいハト

森にすむ緑色の美しいハト類。留鳥として九州以北に分布するが、南西諸島や伊豆諸島、小笠原諸島でも記録がある。北海道や東北の個体は、冬には南へ移動する。繁殖期は丘陵地から山地の広葉樹林で子育てし、冬は平地に降りて越冬するが、詳しい生態はよくわかっていない。都市公園で越冬する個体を見ることもある。主に樹上で果実を食べるが、冬は地上でドングリなどを採食することも多い。雌雄ほぼ同色で、全身が黄緑色。オスは翼が赤紫。

ミネラルを補給？

繁殖期に群れで海辺の磯へ飛んできて、海水を飲む習性が知られている。また、山間部の温泉も同様に飲む習性があり、ミネラルを補給していると考えられているが、詳しいことはわかっていない。

横向き

樹上

留

漂

♪　鳴き声　オーアオー アーオ オーアオアーと尺八のような音色

ミゾゴイ ［溝五位］

ペリカン目サギ科ミゾゴイ属　*Gorsachius goisagi* ／ Japanese Night Heron　■全長 49cm

サギ科

- 虹彩は黄色
- 全身がチョコレート色
- 喉から腹にかけて黒褐色の縦斑が走る

森の中にすむ忍者のようなサギ

低山の暗い森にすむサギ類。夏鳥として本州、四国、九州に渡来し繁殖する。渡りの時期は日本海の島や都市公園にも姿を見せることがある。樹木の比較的高い場所に枝を組んで巣をつくる。本種の繁殖地は日本だけで、近年個体数が少なく絶滅が心配されている。夜に地上を歩きながらミミズなどを採食するといわれていたが、昼間活動する姿が多く観察され、夜行性は疑問視されている。雌雄同色で全身チョコレート色。胸に明瞭な縦斑がある。

周囲の環境にとけ込む

成長したひなは、カラスなどの天敵の声が聞こえると、いっせいに首を伸ばして直立不動の姿勢をとる。

 立つ

 地上

 夏

鳴き声　ボォー ボォーと連続して鳴く

サギ科

ズグロミゾゴイ ［頭黒溝五位］

ペリカン目サギ科ミゾゴイ属　*Gorsachius melanolophus* ／ Malayan Night Heron　■全長 47cm

- 冠羽は藍色で興奮すると立てる
- 目先や周りは皮ふが露出し青灰色
- 喉から腹にかけて縦斑が目立つ

冠羽がある南の島のミゾゴイ

国内では八重山諸島と宮古島にすむサギ類。東南アジアに広く分布する種で、日本はその北限。徳島県で観察例が1例だけある。留鳥として常緑広葉樹林に生息するが、水田や畑、人家の庭などにも姿を見せる。地面を歩き、土壌動物や両生類、爬虫類などを捕食する。雌雄同色。ミゾゴイ(p.131)によく似ているが、頭頂部が黒っぽい藍色で冠羽があることで見分けられる。幼鳥は全身が白と黒の細かいまだら模様で、成鳥とは別種のように見える。

立つ

地上

留

毒ガエルも食べる

忍者のように地面をゆっくりと歩きながら、地上にいる動くものならば何でも捕食する。猛毒をもつオオヒキガエルも食べてしまう。なぜ平気なのかは謎である。

♪　鳴き声　ボー ボーとミゾゴイよりやや高い声で鳴く

ヤンバルクイナ ［山原水鶏］

クイナ科

ツル目クイナ科ヤンバルクイナ属 *Gallirallus okinawae* / Okinawa Rail　■全長 35cm

- 目の後ろには白線
- 赤い嘴は太め
- 体下面は白と黒の縞模様
- 赤くがっしりとした足

世界で沖縄島にしかいない鳥

沖縄本島北部にだけ分布する世界的希少種で、国の天然記念物。1981年に新種記載された。ウラジロガシやリュウキュウマツの常緑樹林が主な生息環境だが、隣接する人家の庭や道路にも姿を見せる。短い翼はあるが、飛翔筋が発達しておらずほとんど飛ぶことができない。地上を歩き、ミミズやカタツムリなどを捕食する。夜間は樹上で眠る。雌雄同色で嘴と足、目が赤く目立つ。目の後ろに目立つ白線があり、体下面は密な横斑による縞模様。

絶滅の危機から脱出

外来種のフイリマングースの捕食などの影響で、一時は推定700羽まで個体数が減少したが、徹底的なマングース防除の結果、2018年現在個体数は約1400羽まで回復してきている。

 横向き

 地上

 留

鳴き声 キョキョキョキョー、クリャークリャーと大きな声で鳴く

カッコウ科

ジュウイチ ［十一］

カッコウ目カッコウ科ジュウイチ属　*Hierococcyx hyperythrus* / Rufous Hawk-Cuckoo　■全長 32cm

- 黄色いアイリングが目立つ
- 下面は淡い橙色
- 長い尾羽の下面は縞模様
- 成鳥
- 若鳥
- 下面に細い縦斑がある

©Masahiro Noguchi

11と叫ぶのが名前になった鳥

声はすれども姿が見えぬ典型種。「11」と聞こえる大声で鳴くため存在を知るのは容易だが、梢でさえずらないので姿を見つけにくい。夏鳥として九州以北の低山から亜高山帯の森に渡来し繁殖。托卵性でオオルリ(p.209)、コルリ(p.201)、ルリビタキ(p.202)など青い鳥の巣に卵を托す。昆虫食で特に毛虫を好む。雌雄同色。顔は黄色いアイリングが目立つ。頭部から体上面は暗灰色で、体下面は淡い橙色。ツミ(p.143)に擬態しているとされる。

ひなの奇妙な行動

ひなの翼の裏側には黄色の皮ふが裸出しており、仮親が餌を運んでくると翼を広げて揺らし、黄色を目立たせる。複数のひながいるように見せ、多くの餌を得るための行動。

♪　さえずり　ジュウイチーッ ジュウイチーッ
　　地鳴き　ジュジュジュジュ

ホトトギス [杜鵑]

カッコウ目カッコウ科カッコウ属　*Cuculus poliocephalus* / Lesser Cuckoo　■全長 28cm

- 虹彩は暗色で、黄色いアイリングがある
- 横斑の間隔は広め
- 下尾筒に横斑がないことが普通だが、まれに少しだけある個体がいる

特許許可局と鳴く鳥

鳴き声が「特許許可局」と聞きなされ、和名も「ホ、ト、トギス」と聞こえることに由来。夏鳥として奄美諸島以北に渡来するが、北海道は南部のみ。平地から亜高山帯の森に生息し、托卵相手のウグイス(p.177)がすむ場所で見られる。昆虫食で特に毛虫が好物。目立つところで鳴かないため、なかなか姿が見えない。日本のカッコウ科では最小で雌雄同色。頭から体上面は灰白色、体下面には白地に黒い横斑がある。下尾筒には横斑がないか、あっても少ない。

夜も鳴く

最盛期には昼夜を通してずっと鳴いており、中国では血を吐くまで鳴くとさえいわれる。5月の渡りの時期には夜の市街地で、空から本種の鳴き声が聞こえてくることもある。

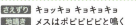
さえずり　キョッキョ キョキョキョ
地鳴き　メスはポピピピピと鳴く

 カッコウ、ツツドリ、ホトトギスの見分けについてはp.358〜359を参照

ツツドリ ［筒鳥］

カッコウ目カッコウ科カッコウ属　*Cuculus optatus* / Oriental Cuckoo　■全長 32cm

- 虹彩は暗橙色
- 横斑は太い
- 下尾筒には明瞭な横斑があるのが普通

山に響く筒のような声

「ポポ」と竹筒を叩くような声で鳴くのが和名の由来。夏鳥として九州以北の山地の森林に渡来する。托卵性で仮親は主にムシクイ類。昆虫食で、ほかのカッコウ類と同様に毛虫が大好き。秋の渡りの時期には市街地の公園や街路樹にも毛虫を求めて飛来。特に毛虫がつくサクラの公園樹にいる。雌雄同色。頭から体上面が灰色。胸から腹には黒い横縞模様がある。虹彩は暗橙色。下尾筒には明瞭な横斑があるのが普通だが、ほとんどないものもいる。

赤い卵を産む

ムシクイ類に托卵する本州の個体は白い卵を産むが、北海道では赤い卵を産む。これは托卵相手がウグイス(p.177)だから。ウグイスに合わせ、卵の色を赤く変化させた。※研究用に許可を得て撮影

さえずり　ポポッ ポポッとふた声ずつ鳴く
地鳴き　メスは、ピピピピと鳴く

カッコウ、ツツドリ、ホトトギスの見分けについてはp.358～359を参照

ヨタカ [夜鷹]

ヨタカ目ヨタカ科ヨタカ属 *Caprimulgus indicus* / Jungle Nightjar ■全長 29cm

ヨタカ科

嘴は小さいが口が大きく開く

樹皮のような複雑な模様

白い顎線がある

夜はタカ、昼は木のこぶに変身

姿がタカのように見え、夜行性なのが和名の由来。夏鳥として九州以北の山地の森林に渡来する。渡りの時期は日本海の島でも観察される。夜、口を大きく開け、飛びながら飛翔昆虫を捕食する。昼間は木の枝に沿ってとまり、まるで木のこぶのように擬態する。繁殖期のオスは「キョキョキョキョキョ……」と大きな声で連続して鳴き続ける。雌雄ほぼ同色で、羽色は樹皮に似た灰褐色の地に、黒と褐色の複雑な模様でカムフラージュ効果を生み出す。

森の放置によって数が減少

巣はつくらず、地面に直接卵を産むが、下草があまりない水はけがよい地面で、上部を樹木に覆われていない場所、と条件が厳しい。越冬地の環境破壊によって、近年著しく数が減少している。

 横向き
 樹上
 夏

[さえずり] キョキョキョキョキョ…と連続して鳴く
[地鳴き] コウコウコウ、ポウポウポウ

ハリオアマツバメ ［針尾雨燕］

アマツバメ目アマツバメ科ハリオアマツバメ属 *Hirundapus caudacutus* / White-throated Needletail ■全長 21cm

- 翼の後縁がふくらむ
- 喉が白い
- 下尾筒が白い
- 角尾で針のような羽軸が飛び出る

尾羽の先が針状

とにかくひたすら飛んでいる。飛ぶことに特化した体をしており、一日のうち約10時間も飛び続けていた記録がある。夏鳥として本州中部以北の森林に渡来し、樹洞（じゅどう）などに営巣する。森の上空を高速で飛び回っていて、高原の池では飛びながら水を飲む姿も見られる。飛びながら飛翔昆虫を捕食。渡りの時期は全国で見られ、秋は平地でも高い空を飛んでいる姿を見る。雌雄同色で全身が黒く、喉と下尾筒が白い。尾羽の羽軸の先が針のよう。

高速飛行で水飲み

本種は水平飛行では鳥類界世界最速といわれ、GPSでの調査では約130km/hを記録している。高速で飛びながら水面をさらうように水を飲む姿は何度見ても魅了される。

♪ 鳴き声 ジュリリリ

アマツバメ類の見分けについてはp.360を参照

アマツバメ ［雨燕］

アマツバメ目アマツバメ科アマツバメ属 *Apus pacificus* / Pacific Swift ■全長 20cm

- 鎌のような形の細い翼
- 体下面はうろこ模様
- 尾羽はV字形

空飛ぶ鎌のような鳥

鎌形の翼をもった、空を飛び続ける鳥。採食はもちろん、睡眠や交尾さえも飛びながら行う。夏鳥として九州以北に渡来。南西諸島では旅鳥。渡りの時期は、市街地でも空高くを飛んでいる姿を見る。高山と海岸の磯に生息するが、これは営巣環境の岩場があるため。巣材集めも飛びながらで、風で空中に舞った枯れ草を使い、だ液で固めて巣をつくる。高速で飛行しながら、飛翔昆虫を捕食する。雌雄同色で、全身が黒褐色。白い腰がとてもよく目立つ。

玉のように集まる

営巣地の近くで「ジュリリ」と鳴きながら複数羽が集まり、玉のようになって飛ぶ光景が見られる。何かのコミュニケーションだと考えられるが、詳しいことは不明である。

 立つ
 空中

 夏

鳴き声　ジュリリリリリリ

 アマツバメ類の見分けについてはp.360を参照

ヤマシギ ［山鷸］

シギ科

チドリ目シギ科ヤマシギ属 *Scolopax rusticola* ／ Eurasian Woodcock ■全長 34cm

頭頂に4つの太い黒斑が並ぶ

長い嘴はやや下向き

目の位置が変わっているずんぐりした鳥

ずんぐりした体型で、目が頭の上の方についている。留鳥または漂鳥として本州中部以北に分布するが、北海道では夏鳥。本州中部以南や南西諸島では冬鳥。繁殖期は山地の広葉樹林に生息し、冬は平地林などで越冬する。越冬期は夜間に河川敷や農耕地などの開けた場所に出てきて、地中のミミズなどを採食する。雌雄同色。褐色や黒など複雑な模様の羽色は、見事なカムフラージュ効果を発揮し、見つけるのは困難。尾羽下面先端が銀白色。

視界は360度

頭頂後頭寄りに目がついているのは、下を向いて採食しているときでも危険を察知するため。ほぼ360度の視界があり、常に周囲を見渡しながら、くらしている。

横向き

地上

留
漂

鳴き声 チキッ チキッと飛びながら鳴く

ハチクマ ［蜂角鷹］

タカ目タカ科ハチクマ属 *Pernis ptilorhynchus* / Honey Buzzard ■全長 オス57cm メス61cm

頭が小さく首が長く見える

風切に帯状の模様があり、オスは先端が特に太い

尾羽にも帯状斑がある

オス

スズメバチなんか怖くない

スズメバチを主食にするタカ。夏鳥として九州以北の平地から山地の森に渡来し、繁殖する。地中のクロスズメバチの巣を足で掘り出したり、樹上のスズメバチの巣を襲ったりする。ハチ以外にも両生類や爬虫類なども獲物とする。秋の渡りでは、長野県白樺峠や長崎県福江島などを通過する数多くの個体が観察される。越冬地は東南アジア。雌雄ともに体上面は暗褐色、体下面は白い淡色型から黒っぽい暗色型まで変異に富む。オスは虹彩が暗褐色で、メスは黄色。

ハチに襲われても平気

猛毒のスズメバチに襲われても平気なのは謎。羽毛にハチをおとなしくさせる、なんらかの物質があるのではないかと考えられており、謎の解明が待たれる。

鳴き声 ピーイェーと飛びながら鳴く

本種と似ているサシバとの見分けについてはp.366〜367を参照

タカ科

カンムリワシ ［冠鷲］

タカ目タカ科カンムリワシ属　*Spilornis cheela* / Crested Serpent Eagle　■全長 55cm

立つ

樹上

留

冠羽があり、ときどき立てる

電柱にとまっている特別天然記念物

八重山諸島で見られるタカで、国の特別天然記念物。道路の電柱にとまっている姿をよく見る。留鳥として石垣島と西表島に分布し、森や農耕地、マングローブ林などに生息する。主な獲物はヘビやカエル。全身が褐色で、頭に冠羽がある。幼鳥は白い。

♪ 鳴き声　ピュ フィー フィーなどと飛びながら鳴く。

タカ科

アカハラダカ ［赤腹鷹］

タカ目タカ科ハイタカ属　*Accipiter soloensis* / Chinese Sparrowhawk　■全長 オス30cm メス33cm

立つ

樹上

旅

虹彩は暗色（メスは黄色）

体下面は淡い橙色

オス

春と秋に出会う小さなタカ

春と秋の渡りの時期に日本を通過するハト大のタカ。渡りルートにあたる九州や南西諸島では、秋に数千から数万羽の大群となることも。そのほかの地方では局地的。雌雄ほぼ同色でメスの方がやや大きい。体下面が橙色で和名の由来となる。

♪ 鳴き声　キュイキュイキュイなどと鳴くが、渡り期はほとんど声を発しない

ツミ ［雀鷹］

タカ目タカ科ハイタカ属 *Accipiter gularis* / Japanese Sparrowhawk　■全長 オス 27cm メス 30cm

- 虹彩は黄色
- メス
- 翼の下面は縞模様
- 虹彩は暗赤色
- オス
- 喉に1本の黒線
- 下面は淡い橙色をおびる

小さいけれどかっこいい

日本で繁殖するタカでは最小で、オスはヒヨドリ大、メスはハト大。留鳥として全国に分布するが、冬は暖地に移動する個体も。森林や市街地に生息。1970年代までは少なかったが、80年代に関東の都市部で繁殖が見つかって以降、都市公園などで営巣する個体が増加した。主食は小鳥で、スズメが多い。オスは頭から体上面が青灰黒色で、体下面は淡い橙色。虹彩は赤い。メスは頭から体上面が褐色、喉から腹に細かい褐色の横斑がある。虹彩は黄色。

オナガとの共生

本種が繁殖を開始すると、いつの間にかオナガがやって来て、繁殖することがある。本種を用心棒として利用するためだが、まれに獲物となってしまう。

鳴き声 ピョーピョーピョピョピョと尻下がりの声で鳴く

ハイタカ属（メス）の見分けについてはp.364～365を参照

タカ科

ハイタカ [灰鷹]

タカ目タカ科ハイタカ属 *Accipiter nisus* / Eurasian Sparrowhawk　■全長 オス 31cm メス 39cm

虹彩は黄色
頭が小さく、眉斑が細い
下面には褐色の細い横斑が密に並ぶ
メス
尾羽は長く帯状斑

小鳥専門食の小型のタカ

主に小鳥を獲物とするタカ。留鳥または漂鳥として北海道、本州、四国に分布する。九州以南では冬鳥。北海道や本州の森林で繁殖するが局地的。冬は平地へ移動する鳥が多く、都市公園や農耕地でも見られる。かつては少ない鳥であったが、近年は増加傾向にある。指に鋭く長い爪があり、飛んでいる小鳥を長い足で引っかけるように捕らえる。オスは体上面が暗い青灰色で、体下面は橙色の横斑がある。メスはオスよりも一回り大きく、体下面の横斑は褐色。

オオタカに食べられる

意外なことに本種の最大の天敵はオオタカ。そのため体の大きなオオタカが入り込めない、樹木が密生した森に巣があることが多いという研究結果がある。

立つ
空中
留
漂

♪　鳴き声　キッキッキッキッと鳴く

144　ハイタカ属（メス）の見分けについてはp.364〜365を参照

オオタカ [蒼鷹]

タカ目タカ科ハイタカ属 *Accipiter gentilis* / Northern Goshawk　■全長 オス 50cm メス 59cm

タカ科

- 虹彩は黄色
- 白い眉斑は太く明瞭
- 下面には黒い横斑が密に並ぶ
- 尾羽は長く帯状斑

タカ類の代表格

これぞまさにタカという精悍な面構えのタカ。大きさはほぼカラス大。留鳥として九州以北に分布する。平地から山地の森林に生息するが、農耕地や草地と森林が点在する環境を好む。冬は河川敷や埋め立て地などの、木があまりない場所にも姿を見せる。カモ類やハト類などの中型の鳥が主な獲物。雌雄ほぼ同色。体上面は暗い灰色で顔には太い過眼線がある。虹彩は黄色。体下面には黒い横斑が密に並ぶ。メスはオスよりも一回り大きく、全体的に褐色気味。

都市に進出

近年は都市公園でも姿を見ることは珍しくなく、都市公園や小規模な緑地でも繁殖する個体が現れている。都市に多いドバト(p.31)を主食にすることで生息が可能になった。

 立つ
 空中

 留

鳴き声 キャッキャッキャッキャ（警戒声）
餌をねだるときにはピィエーと大きな声を発する

 ハイタカ属（メス）の見分けについてはp.364〜365を参照

タカ科

サシバ ［差羽］

タカ目タカ科サシバ属 *Butastur indicus* / Grey-faced Buzzard　■全長 オス47cm メス51cm

- 虹彩は黄色
- 喉の中央に1本の黒線がある
- 体下面に赤褐色の横斑

メス

渡りをする里山のタカ

渡りをするカラス大のタカ。夏鳥として本州、四国、九州に渡来し、冬は南西諸島から東南アジアにかけての地域で越冬する。森林と農耕地からなる里山環境に生息する。主にカエル類やヘビ類、昆虫を捕食する。近年は環境変化によって個体数が減少している。雌雄ほぼ同色。白い喉の中央に1本の黒い縦斑があり、目立つ。オスの顔は灰色がかった褐色で、体上面が赤褐色。腹には赤褐色の横斑が並ぶ。メスは白い眉斑が目立つ。尾羽に4本の太い横斑がある。

立つ／空中／夏

獲物を求めて渡る

本種が渡りをするのは、獲物の爬虫類や昆虫類が寒さで十分捕れなくなるから。風物詩の秋の渡りでは、数千羽の群れになることもある。

♪　鳴き声　ピックイーと飛びながらよく鳴く

146　本種と似ているハチクマとの見分けについてはp.366〜367を参照

イヌワシ ［狗鷲］

タカ目タカ科イヌワシ属　*Aquila chrysaetos* / Golden Eagle　■全長 オス81cm メス89cm

タカ科

後頭部が金色

全身が黒褐色でところどころに白斑がある

足は黄色

山岳を舞う巨大なワシ

山岳地帯に生息する巨大なワシ。大きなメスでは、翼を広げると2mを超える。九州以北に分布するが、九州と四国ではかなり少ない。山奥の森林にいるイメージがあるが、平地から山地までの落葉広葉樹林に生息する。国の天然記念物で絶滅が心配され、現在は約650羽という数字も。伐採地などの開けた場所で、ノウサギやヤマドリなどの中〜大型の鳥獣を狩る。雌雄同色。成鳥は全身が黒褐色で後頭部が金色。幼鳥は飛ぶと両翼に大きな白斑が出る。

日本のイヌワシは特殊

翼が長く、開けた環境で狩りをするため、世界的には草原にすむ鳥だが、日本のイヌワシは森林に生息する珍しい習性をもつ。狩りは開けた場所で行う。

 立つ

 空中

 留

鳴き声　ピェー、ピョッ ピョッ

タカ科

クマタカ ［角鷹］

タカ目タカ科クマタカ属 *Nisaetus nipalensis* / Mountain Hawk-Eagle　■全長 オス72cm メス80cm

- 冠羽がある
- 虹彩は橙色
- 喉に1本の黒線

幅広い翼で山を舞う精悍な面構えのタカ

日本の森林を代表する大型のタカ。留鳥として九州以北に分布し、山地の照葉樹林から人工林までさまざまなタイプの森林に生息する。季節的な移動をしないので、平地で見ることはほとんどない。狩りは樹木にとまって獲物の出現を待つ待ち伏せ型。ノウサギや鳥、ネズミなど様々な動物を捕食する。雌雄同色で全身が暗褐色。頭に短い冠羽があり、漢字表記はそれが由来。虹彩は橙色。喉に1本の目立つ黒褐色の線がある。飛んでいるときは翼が幅広く、後縁が膨らむ。

幼鳥は白い

幼鳥

幼鳥は全体的に色が淡く、顔から体下面がほぼ白く見える。虹彩も青灰色で顔つきが違って見える。写真：高野丈

♪ 鳴き声　ピッピィーピッピィー、ポヒィポヒィなどと繁殖期によく鳴く

オオコノハズク [大木葉木菟]

フクロウ目フクロウ科コノハズク属 *Otus lempiji* / Collared Scops Owl ■全長 25cm

フクロウ科

羽角は長め
虹彩は橙色

目が橙色の謎多きフクロウ

羽角が目立つ小型のフクロウ。ハトよりもひと回り小さく、留鳥として小笠原諸島を除く全国に分布する。北海道では夏鳥とされていたが、実際は秋に通過する個体が多いという。平地から山地の森林に生息し、社寺林でも営巣する。冬は暖地に移動する個体もいて、都市公園の緑地で越冬することも。昼間は樹洞(じゅどう)や枝にとまって休み、夜間にネズミ類や昆虫を捕食するが、詳しい生態はあまりわかっていない。雌雄同色。全身が樹皮のような羽色。虹彩の橙色が特徴。

琉球諸島のオオコノハズク

本州のオオコノハズクは足が羽毛で覆われているが、琉球諸島のオオコノハズクは足に羽毛が生えていないなどの違いがある。

立つ

樹上

留

鳴き声 ボウーボウー、ポッポッポッなどと様々な声を出す

フクロウ科

コノハズク [木葉木菟]

フクロウ目フクロウ科コノハズク属 *Otus sunia* / Oriental Scops Owl ■全長 20cm

虹彩は黄色

肩羽の白斑が目立つ

赤色型

木の葉のように小さなフクロウ

日本最小のフクロウ。夏鳥として九州以北の深い森に渡来する。渡りの時期は公園の緑地でも姿が見られ、特に春は日本海の島で移動途中の個体に出会う。ブナ林などの山深い森林で繁殖するが、平地の果樹園でも記録がある。主な獲物は昆虫類。雌雄同色。樹皮に似た灰色と褐色の複雑な羽色をしている。虹彩は黄色。まれに赤色型と呼ばれる赤茶色の羽色の個体がいる。声は「仏法僧」と聞きなされるが、ブッポウソウ(p.156)とは関係ない。

立つ / 樹上 / 夏

木の葉に擬態

危険を感じると羽角を立て、体をぎゅっと縮めて縦に細長くなる。これは周囲の木の枝や葉に擬態するため。体の輪郭を木々にまぎらわさせ、敵をやり過ごす作戦である。

鳴き声 ブッ キョッ コーと聞こえる大きな声で鳴く

リュウキュウコノハズク [琉球木葉木菟]

フクロウ目フクロウ科コノハズク属 *Otus elegans* / Ryukyu Scops Owl ■全長 22cm

- 羽角は短い
- 虹彩は黄色

夜の亜熱帯の森に響き渡る声の主

留鳥としてトカラ列島以南の南西諸島に分布する小型のフクロウ。台湾とフィリピンの島々にも分布するが、分布の中心は日本。2008年には福岡県沖ノ島でも生息が確認された。常緑広葉樹林にすむが、農耕地などの開けた環境にも姿を見せる。樹洞に営巣し、沖縄島北部ではノグチゲラ(p.162)の古巣を利用する。繁殖期にオスは「コホッ」と聞こえる声で鳴く。主食は昆虫のバッタ類で、ヤモリなども捕食する。雌雄同色。赤みの強い赤色型も見られる。

羽角の役割

耳のようなフクロウ類の羽角は、昼間休んでいる時や警戒時に立て、狩りの時は寝かせていることから、周囲の環境にとけこむ擬態や体を大きく見せるなどの効果があると考えられている。

鳴き声	オス：コホッと縄張りを主張する大きな声で鳴く
	メス：ギョホッ、フニィ

フクロウ科

シマフクロウ ［島梟］

フクロウ目フクロウ科シマフクロウ属　*Ketupa blakistoni* ／ Blakiston's Fish Owl　■全長 71cm

羽角はあまり目立たない

虹彩は黄色

胸から腹に褐色の縦斑

魚を食べる世界最大級のフクロウ

国の天然記念物に指定されている世界最大級のフクロウ。留鳥として北海道東部の森に生息するが、個体数は少ない。魚が主食で、河川を中心とした森にすみ、夜間に川や湖沼、海岸で狩りをする。小型ほ乳類や鳥類も捕食する。樹洞営巣で、体が大きいので大きな樹洞が必要だが、大きな樹洞がある大木は伐採されて少ないので、巣箱での営巣がほとんど。和名のシマは北海道という意。雌雄同色で、黄色い虹彩が特徴。胸から腹には褐色の縦斑が並ぶ。

立つ / 樹上 / 留

世界的な希少種

世界でも北海道東部と極東ロシアの一部にしか分布しない世界的な希少種で、推定個体数は1000〜2500羽。日本には約140羽しか生息しておらず、絶滅危惧種に指定されている。

 鳴き声　オスがボーボーと鳴き、間髪入れずにメスがボォーと続けて鳴く

フクロウ［梟］

フクロウ科

フクロウ目フクロウ科フクロウ属　*Strix uralensis* / Ural Owl　■全長 50cm

- ハート形の丸い顔
- 虹彩は暗色
- 縦斑が並ぶ
- 尾羽が長く帯模様がある

かわいい顔だが、素顔は暗闇のハンター

深い森にいるイメージがあるが、社寺林などの人里にいる鳥。大きさはカラス大。留鳥として九州以北に分布する。基本的には樹洞営巣で、社寺林に多いのはご神木などの大木に樹洞があるから。カラスやタカの古巣、木の根元に営巣することもある。巣箱もよく利用する。完全な夜行性でネズミ類が主な獲物だが、ネズミ類が少ない市街地では鳥類が主体になる。樹木にとまり、獲物がたてる音を頼りに狩りをする。雌雄同色で、虹彩は暗色。

消音装置のある羽

フクロウのなかまの多くは羽ばたく音がほとんどしない。風切羽の羽縁にはセレーションと呼ばれるノコギリ状の突起が並んでいて消音装置の働きをする。

立つ

樹上

留

鳴き声　ホホー ゴロスケホッホーと大きな声で鳴く
メスはギャーと鳴く

フクロウ科

アオバズク [青葉木菟]

フクロウ目フクロウ科アオバズク属 *Ninox scutulata* / Brown Hawk-Owl ■全長 29cm

- 顔が平たくない
- 虹彩は黄色
- 胸から腹には茶色の太い縦斑
- 尾羽は長い

鎮守の森にすむ夏鳥のフクロウ

青葉が茂る5月頃に渡来する夏鳥のフクロウ類。和名はそれにちなむ。九州以北に分布。人里近い平地林や社寺林などに生息し、樹洞に営巣する。主な獲物は昆虫で、カブトムシや大型のガ、バッタ類など。狩りは音に頼らず視覚で行うため、顔が平たくない。夜に「ホッホッ」と2声ずつ特徴ある声で鳴きながら飛び回る。雌雄同色で、羽角がなく丸い頭。体上面は濃いチョコレート色で、下面には太い縦斑がある。虹彩は黄色。

立つ / 樹上 / 夏

近年減少している

人里にすみ、決して珍しい鳥ではなかったが、近年は減少している。食べ物となる大型の昆虫や巣となる樹洞の減少が原因だといわれている。

♪ 鳴き声 ホーホー、ホッホッとよく通る声で鳴く

アカショウビン [赤翡翠]

ブッポウソウ目カワセミ科アカショウビン属　*Halcyon coromanda* / Ruddy Kingfisher　■全長 27cm

カワセミ科

- 受け口ぎみの巨大な赤い嘴
- 体上面は赤褐色
- 体下面は橙色
- 足も赤い

一度は見たい森の赤いカワセミ

全身が赤っぽく、他種とは間違いようがない。夏鳥として全国に渡来するが、北海道東部には少ない。照葉樹林やブナ林などのよく茂った森林に生息するため、鳴き声が聞こえても姿を見つけるのは難しい。南西諸島に分布する亜種リュウキュウアカショウビンは、村落付近にも生息するので比較的よく見られる。主な食べ物はカエルやカタツムリ、昆虫類。雌雄同色で鮮やかな赤色の大きな嘴が特徴。頭部から体上面は赤褐色で、腰にコバルトブルーの部分がある。

受け口の嘴

本種の嘴は受け口になっているが、これは地上にいるカエルやカタツムリなどを飛びながらすくい取るのに適しているから。魚を捕食するカワセミとはかなり違う形状をしている。

 立つ

 樹上

 夏

鳴き声 キョロロロロロ…と尻下がりの声で鳴く

ブッポウソウ ［仏法僧］

ブッポウソウ目ブッポウソウ科ブッポウソウ属　*Eurystomus orientalis* / Oriental Dollarbird　■全長 30cm

- 目が大きい
- 赤い短い嘴は下向きに曲がる
- 緑光沢の青い羽色は美しい

1000年間勘違いされていた鳥

長い間「仏法僧」と鳴くと思われていたが、声の主はコノハズク（p.150）だった。夏鳥として本州、四国、九州に渡来し、低山の森や集落などに近接する林、社寺林などに生息する。基本は樹洞営巣だが、鉄橋の穴などの構造物や巣箱も利用する。主な食べものはトンボなどの飛翔昆虫で、見晴らしのよい場所にとまり、見つけると飛び立ってフライングキャッチする。雌雄同色で、赤い嘴が目立つ。頭は黒く、体は緑光沢のある青色。飛ぶと翼の白斑が目立つ。

寺社の森にすむ霊鳥

寺社の森で多く見られる美しい鳥のため、霊鳥として大切にされてきた。そのため、山梨県身延町や岐阜県美濃市などの繁殖地は、国の天然記念物に指定されている。

♪　鳴き声　ゲッゲッと飛びながらよく鳴く

オオアカゲラ [大赤啄木鳥]

キツツキ目キツツキ科アカゲラ属　*Dendrocopos leucotos* / White-backed Woodpecker　■全長 28cm

キツツキ科

下面には細い縦斑があり、腹から下尾筒は淡く赤い

頭頂が赤い

オス

赤いベレー帽をかぶったキツツキ

アカゲラ(p.158)に似ていて、一回り大きなキツツキ。北海道から奄美大島まで広く分布するが、数はあまり多くない。山地のよく茂った森林に生息し、冬でも平地に降りてくることはほとんどない。枯れ木を豪快につついて粉砕し、中にいるカミキリムシの幼虫などを捕食する。雌雄ほぼ同色で、腹から下尾筒が淡い赤色。オスは頭頂が赤く、ベレー帽をかぶった感じ。メスは頭が赤くない。類似種のアカゲラとは、背中に白い大きな白斑がないことで見分けられる。

奄美のオオアカゲラ

奄美大島のオオアカゲラは体の色がずっと濃く、研究者によっては別種とする説もある。国の天然記念物に指定されている。

幹に平行

樹上

留

鳴き声　キョッ キョッ

アカゲラ ［赤啄木鳥］

キツツキ目キツツキ科アカゲラ属　*Dendrocopos major* / Great Spotted Woodpecker　■全長 24cm

- 後頭が赤い
- 逆八の字の白斑
- 下腹から下尾筒が赤い
- オス

赤い帽子の森の大工さん

樹木の幹に穴をあけるキツツキ類は、様々な生物にすみかを提供するため「森の大工」と呼ばれる。特に本種の分布は北海道、本州、四国と広く、多くの生物にとって重要な存在。留鳥として平地から山地の森林に生息し、北にすむ個体は冬に暖地へ移動する。木の幹にすむアリや甲虫の幼虫を捕食するが、秋から冬は果実なども食べる。雌雄同色で、肩羽に白い大きな斑があり、背中から見ると逆八の字に見える。オスの頭には赤い部分があるが、メスにはない。

枯れ木をつついてドラミング

キツツキ類はさえずりの代わりに、枯れ木などを嘴で連続してつつき、大きな音を出すドラミングを行う。縄張り宣言や求愛の意味があるとされる。

♪
- **ドラミング** カラララララなど、木をつついて音を出す
- **鳴き声** キョー、キョキョキョ、ケレ ケレなどと鳴く

クマゲラ ［熊啄木鳥］

キツツキ科

キツツキ目キツツキ科クマゲラ属　*Dryocopus martius* / Black Woodpecker　■全長 46cm

嘴は象牙色で先端が黒い

メスは後頭のみが赤い。オスは頭頂全体が赤

メス

クマのような真っ黒な巨大キツツキ

国の天然記念物で日本最大のキツツキ。大きさはカラスより一回り小さい。留鳥として北海道と東北北部に分布し、北海道ではトドマツやミズナラの森、東北ではブナ林に生息する。東北の個体群はここ数年繁殖が確認されず、危機的な状況にある。昆虫類を捕食するが、最も多く食べているのがアリ類。ツタウルシなどの果実も食べる。全身が黒く、嘴は象牙色。オスは頭頂全体が赤いが、メスは後頭のみ。ドラミングは体が大きいだけに大きな音でよく響く。

豪快な食べあと

アリを求めて木の根本付近に穴をあける。その直径はときに1m近くにもなり、まるで丸木舟を掘ったよう。そのためアイヌの人々は本種を「舟を掘る鳥」と呼んでいた。

 幹に平行

 樹上

 留

- **ドラミング** ドドドドドと木をつついて音を出す
- **鳴き声** キョーン キョーンと大きな声で鳴く、コロコロコロと飛びながら鳴く

キツツキ科

アオゲラ ［緑啄木鳥］

キツツキ目キツツキ科アオゲラ属　*Picus awokera* / Japanese Green Woodpecker　■全長 29cm

額から後頭が赤い

腹から下尾筒にかけて黒い横斑がある

オス

メス

日本固有の緑色のキツツキ

日本固有種で本州、四国、九州、屋久島に分布する緑色のキツツキ。緑は古くは青と呼ばれ、和名はそれにちなむ。学名にも和名がつけられている。留鳥として低い山の落葉広葉樹林に多く見られるが、近年は都市公園の緑地で姿を見ることも多い。雑食性でアリを主に食べるが、ほかの昆虫類やクモ、果実なども食べる。オスは頭頂全体が赤く、メスは後頭のみ。体上面は緑色で腹の黒い波形の横斑が目立つ。「ピョー」と聞こえる大きな声で存在に気づくことも多い。

幹に平行

樹上

留

生木に穴をうがつ

枯れ木ではなく、生木に穴を掘ることが多い。ヤマザクラなどの太い生木でも、直径5cmほどの穴を掘って巣をつくることができる。穴は子育て以外にねぐらとしても利用する。

ドラミング カラララララなど、木をつついて音を出す
鳴き声 ピョーピョーと口笛に似た大きな声を出す、ケレケレケケケ（警戒声）、キョッキョッキョッ

ヤマゲラ ［山啄木鳥］

キツツキ目キツツキ科アオゲラ属 *Picus canus* / Grey-headed Woodpecker ■全長 30cm

キツツキ科

- 頭頂前部が赤い
- 虹彩は淡紅色から赤褐色まで個体差がある
- 体上面と尾羽は黄緑色

オス

北海道にすむ緑色のキツツキ

アオゲラ（左頁）に似たキツツキで、国内では北海道のみに分布する。平地から山地の森林に生息し、冬は庭の餌台に来ることもある。主食はアリで、地上に降りて採食する姿がよく見られる。クマゲラ（p.159）のあとについて食べ残しを採食することもある。昆虫のほかに果実も食べる。オスは頭頂前部に赤い部分があるが、メスにはない。アオゲラと異なり、腹に黒い横斑がない。虹彩が赤いので、黒目がちのアオゲラよりもきつい顔に見える。

ユーラシア大陸に広く分布

メス

本種は北海道にしかいないので北の鳥の印象があるが、ユーラシア大陸に広く分布し、日本よりも南の台湾にも生息している。その間に挟まれた形で、日本固有種のアオゲラが分布している。

幹に平行

樹上

留

ドラミング	カラララララなど、木をつついて音を出す
鳴き声	キョーキョキョキョキョと尻下がりに鳴く

キツツキ科

ノグチゲラ ［野口啄木鳥］

キツツキ目キツツキ科ノグチゲラ属　*Sapheopipo noguchii* ／ Okinawa Woodpecker　■全長 31cm

- 嘴は象牙色
- 赤みがかった黒褐色
- 風切に白斑がある

メス

沖縄本島にしかいない世界的希少キツツキ

沖縄本島北部にしか分布しないキツツキ類。推定個体数は500羽ともいわれ、国の特別天然記念物に指定されている。スダジイが優先する原生林が主要な生息地。枯れたスダジイに巣穴を掘り営巣するが、近年はリュウキュウマツでも営巣が確認されている。雑食性でカミキリムシの幼虫などの昆虫類やイヌビワなどの果実もよく食べる。雌雄ほぼ同色で、オスは頭頂が赤いがメスは黒褐色。まれにメスでも後頭や側頭に赤い羽があり、オスと間違えられることがある。

幹に平行

樹上

留

地上採食と外来種

オス

地上に降り、地面を掘ってセミの幼虫やアリなどを捕食する習性がある。そのため、外来種のフイリマングースに襲われやすく、個体数減少の大きな原因になっている。

♪　鳴き声　フィッ、キョッなどと連続して鳴く

チゴハヤブサ [稚児隼]

ハヤブサ目ハヤブサ科ハヤブサ属 *Falco subbuteo* / Eurasian Hobby ■全長 オス34cm メス37cm

ハヤブサ類特有のヒゲ模様

腹から下尾筒は赤褐色

下面には縦斑

稚児の名がつく小さなハヤブサ

ハトぐらいの大きさのハヤブサ類。和名はハヤブサ(p.351)の子ども(稚児)のように小さいことにちなむ。夏鳥として本州中部以北に渡来。北海道では市街地でも見かけるが、本州での繁殖地は局地的。山地よりも平地の、農耕地と森林が混在するような環境に生息する。巣はつくらずにカラスの古巣などを利用する。直線的に高速で飛行し、鳥や昆虫などを空中で捕食する。雌雄同色で体下面の縦斑と腹より下の赤褐色が特徴。目の下にヒゲのような黒い線がある。

ツバメに見える？

飛翔時に翼の先がとがるのは、ハヤブサ類の特徴。本種は特に翼が長く見え、胴体が細いので、一見ツバメ類やアマツバメ類のように見えるかもしれない。

立つ

空中

夏

鳴き声 キーッキッキッキッキッキッと甲高い声で鳴く

ハヤブサ類の見分けについてはp.368を参照

ヤイロチョウ ［八色鳥］

スズメ目ヤイロチョウ科ヤイロチョウ属　*Pitta nympha* / Fairy Pitta　■全長 18cm

頭頂は栗色
非常に太い過眼線
コバルトブルーに輝く
尾羽はとても短い
長く丈夫な足

妖精と称される美しい鳥

日本にこんな鳥がいるの？と思うほど美しい色彩の鳥。和名はこの色彩あふれる羽色に由来。夏鳥として、本州中部以南に渡来するが局地的。高知県や鹿児島県が繁殖地として有名で、本州でも繁殖の記録がある。低山の昼なお暗い、うっそうとした森林の地面近くに生息する。長くて丈夫な足で地上を跳ね歩き、ミミズなどの土壌動物を捕食する。雌雄同色で頭頂は栗色。太く黒い過眼線がある。体上面はエメラルドグリーンで、尻が赤い。

声はすれども姿は見えぬ

森に響き渡る大きな声で鳴き続けるので存在に気づけるが、うっそうとした森林にいるため、姿を見つけるのは難しい。鳴き声は「黒ペン、白ペン」と聞きなされる。

横向き / 地上 / 夏

♪ さえずり　ホヘン ホヘン、ピフィー ピフィーなどと2声ずつ鳴く

サンショウクイ [山椒食]

スズメ目サンショウクイ科サンショウクイ属 *Pericrocotus divaricatus* / Ashy Minivet ■全長 20cm

- 額が白い
- 明瞭な過眼線と後頭が黒い
- 体上面は灰色
- 尾羽が長く外側が白い

オス
亜種サンショウクイ

サンショウの実は食べないけど

「ピリリ」という鳴き声が、「山椒は小粒でぴりりと辛い」ということわざを連想させ、名づけられた。サンショウの実を好んで食べるわけではない。日本には2亜種が生息。亜種サンショウクイは夏鳥として九州以北に渡来し、亜種リュウキュウサンショウクイは中国地方、四国、九州、南西諸島に留鳥として分布する。平地から山地の森林に生息し、空中の昆虫を捕らえるフライングキャッチが得意。雌雄同色で、白黒の羽色はハクセキレイ(p.50)に似ている。

亜種リュウキュウサンショウクイの北上

亜種リュウキュウサンショウクイ

南西諸島が分布の中心だった亜種リュウキュウサンショウクイは、近年分布が北上傾向にあり、関東地方でも真冬に観察されるようになっている。

 やや立つ

 樹上

 夏

 留

鳴き声 ピリリリ、ピーリーリなどと飛びながら鳴く

カササギヒタキ科

サンコウチョウ [三光鳥]

スズメ目カササギヒタキ科サンコウチョウ属 *Terpsiphone atrocaudata* / Japanese Paradise Flycatcher ■ 全長 オス 45cm メス 18cm

嘴と目の周辺がコバルトブルー　　冠羽

オス

メス

尾羽の中央2枚が長く伸びる

森の妖精とも呼ばれる

長い尾羽をひらめかせながら森を舞う小鳥。夏鳥として本州以南に渡来する。平地から山地の暗い森林に生息し、沢沿いのスギ林で見ることが多い。渡りの時期には都市公園にも姿を見せる。空中の昆虫をフライングキャッチして捕食する。さえずりを3つの光「月日星（つきひほし）」と聞きなしたのが和名の由来。オスは黒い頭に冠羽があり、目の周囲と嘴はコバルトブルー。体上面は紫光沢がある暗褐色。尾羽の中央2枚が著しく長い。メスや若鳥は体上面が茶色で、尾羽は長くない。

長い尾羽はどこに？

オスの長い尾羽は、秋の渡りの前に抜けてしまい、秋に出会うときは尾羽が短い。春の渡りでは、尾羽が長い姿で越冬地の東南アジアから海を越えて飛んでくるという。

立つ
樹上
夏

♪ さえずり　フィッ フィッ フィッ（ツキ ヒ ホシ）ホイホイホイ
　地鳴き　ギィッ ギィッと濁った声

チゴモズ [稚児百舌]

モズ科

スズメ目モズ科モズ属 *Lanius tigrinus* / Tiger Shrike ■全長 18cm

- 灰色の頭
- 過眼線は黒く太い。メスは色が淡く、オスは濃い
- メス
- メスには脇や腹に褐色の横斑がある

灰色と赤茶色の美しいモズ

頭の灰色と体上面の赤褐色が美しいモズ類。モズのなかまとしては小さめなのが和名の由来。夏鳥として本州中部から東北にかけて分布するが、局地的。渡りの時期には日本海の島でも見られる。農耕地と森林が織りなす里山環境を好み、林内にいることが多い。近年著しく減少しており、国内での絶滅が心配されている。主食は昆虫類。オスは頭部が灰色で、黒色の太い過眼線が目立ち、体上面は赤褐色。メスは過眼線が細く、脇と腹に縞模様がある。

激減した美しいモズ

オス

かつては東京近郊でも見られたが、越冬地の環境破壊や生息地が住宅地になるなどして消滅。現在、繁殖が確実な場所は国内に数カ所しかない。

やや立つ

樹上

夏

鳴き声　ギチギチとモズよりも濁った声で鳴く

| カラス科 |

カケス [懸巣]

スズメ目カラス科カケス属 *Garrulus glandarius* / Eurasian Jay ■全長 33cm

- 頭頂はごま塩模様
- 鮮やかな青と黒の縞模様
- 亜種カケス
- 白い下尾筒は意外と目立つ

ドングリが大好物

翼の鮮やかな青い羽が印象的な鳥。ハトほどの大きさで、留鳥または漂鳥として屋久島以北に分布。山地の森林に生息するが、寒さが厳しい地域の個体は冬に暖地へ移動するので、市街地の樹林でも見られる。雑食性で昆虫や果実を食べるが、特にドングリが好物で秋に地中に貯食し、冬に掘り出して食べる。埋めた場所を正確に記憶する能力がある。雌雄同色で、頭部はごま塩模様、体は赤みのある褐色。ほかの鳥の鳴きまねをする。

亜種ミヤマカケス

北海道のカケスはミヤマカケスという亜種で、虹彩が暗色のため黒目がちに見え、かわいらしい印象がある。国内には4亜種がいるとされる。

 横向き
 樹上
 留

 漂

♪ 鳴き声 ジェーイと鳴く。ほかの鳥の鳴きまねもよくする

ルリカケス ［瑠璃懸巣］

カラス科

スズメ目カラス科カケス属 *Garrulus lidthi* / Lidth's Jay ■全長 38cm

紫光沢のある
美しい瑠璃色

嘴は
象牙色

下面は赤が
強い栗色

尾羽の
先が白い

亜熱帯の森にすむ
日本固有のカケス

鹿児島県の奄美大島、加計呂麻島、請島、枝手久島に分布する日本固有種で、国の天然記念物。ハトよりも大きい。照葉樹の原生林やリュウキュウマツが混じる二次林が主要な生息環境だが、農耕地や人家近くにも姿を見せる。雑食性で昆虫や爬虫類、果実や種子などを食べる。スダジイなどのドングリが好きで、地上に降りて採食する姿もよく見られる。貯食もする。雌雄同色で、頭や胸、翼、尾羽は光沢のある瑠璃色。そのほかは赤みの強い栗色。嘴は象牙色。

絶滅の危機から
脱する

かつて帽子の羽根飾りのために乱獲されて激減し、1921年に国の天然記念物に指定。その後、個体数が回復し、2008年に絶滅危惧種の指定から解除された。

横向き

樹上

留

鳴き声　ジャージャーは警戒声
　　　　キュリ、キュワ、クルワアなどとさまざまな声を出す

| カラス科 |

ホシガラス ［星鴉］

スズメ目カラス科ホシガラス属　*Nucifraga caryocatactes* / Spotted Nutcracker　■全長 35cm

- 白い星を散りばめたような体
- 黒い嘴は細めで先が尖る
- 下尾筒は純白

ハイマツの実が大好き

黒い体に白い星を散りばめたような模様のカラス類。九州以北に分布。亜高山帯の針葉樹林に営巣し、高山帯のハイマツまで飛んでいって採食する。ハイマツの実が主食で、ハイマツが平地に生える北海道では標高が低い場所でも見られる。秋にはハイマツの実を喉にたくさん入れて運び、土に埋めて貯食する。冬には低標高地に移動するといわれるが、詳しい動きはまだ判明していない。雌雄同色で、体は褐色の地に白い斑点模様、翼は黒い。下尾筒は純白。

横向き／樹上／留

ハイマツとともに生きる

ハイマツが重要な食糧で、植生と分布がよく一致する。高い山が少なく、ハイマツがあまりない西日本に本種が少ないのは、そのためである。

♪　鳴き声　ガーガー

キクイタダキ [菊戴]

スズメ目キクイタダキ科キクイタダキ属 *Regulus regulus* / Goldcrest ■全長 10cm

頭頂部は黄色
2本の翼帯
足は橙色

> 菊の花を頭に頂いた日本最小の鳥

日本最小の鳥。頭の黄色い羽を、菊の花に見立てたのが和名の由来。留鳥または漂鳥として北海道と本州に分布。北海道では平地から山地、本州では亜高山帯の針葉樹林で繁殖する。冬は平地で越冬することもあるが、その数は年によって変動する。枝から枝へ素早く動きながら昆虫やクモを捕食する。針葉樹にいることが多く、頻繁にホバリングする。雌雄ほぼ同色で、頭頂部の黄色い羽はどちらにもあるが、オスはその中央に橙色の羽毛が隠れている。

カマキリに捕まることも

体重が5gほどしかないうえに、渡りでは弱っているためか、オオカマキリに捕食されてしまうこともある。写真：吉成才丈

横向き

樹上

留

漂

- さえずり チィチィチュリリリリなどと金属的な高い声で繰り返し鳴く
- 地鳴き ツィー、チチチ、ズビビビなど

シジュウカラ科

ハシブトガラ [嘴太雀]

スズメ目シジュウカラ科コガラ属　*Poecile palustris* ／ Marsh Tit　■全長 13cm

- ベレー帽をかぶったような黒い頭。光沢がある
- 翼に明瞭な白線がない
- 嘴の上下の合わせ目が白っぽい
- 喉に小さな黒斑

北海道にいるコガラそっくりな鳥

スズメよりも小さなカラ類。留鳥として国内では北海道のみに分布し、平地から低山の森林や都市公園などでもごく普通に見られる。冬はシジュウカラ（P.39）などと混群となる。枝をすばやく移動しながら昆虫を捕食したり、地上に降りて種子などを食べる。雌雄同色で、頭は黒いベレー帽をかぶったように見え、喉は黒い。類似種コガラ（右頁）とは、頭の黒に光沢があることや、嘴がやや太く、上下の合わせ目が白っぽいなどの違いがあるが、野外での識別は難しい。

横向き／樹上／留

難しいコガラとの見分け

頭の光沢や嘴の違いを野外で確認するのは極めて困難だが、さえずりが違う。本種はチョチョチョと速いテンポで繰り返して鳴き、コガラはヒーコーヒーとゆっくりとした三拍子。

- さえずり　チョチョチョチョ、フィーフィフィフィ
- 地鳴き　チチ ジージージー

172

コガラ ［小雀］

スズメ目シジュウカラ科コガラ属　*Poecile montanus* / Willow Tit　■全長 13cm

シジュウカラ科

- 嘴の上下の合わせ目が不明瞭
- ベレー帽のような黒色部に光沢がない
- 喉に小さな黒斑

キツツキじゃないのに巣穴を掘る

和名は小さなカラ類という意味。留鳥として九州以北に分布する。本州では低山から亜高山帯の森林に生息するが、北海道では平地にもいる。厳冬期も山にそのまま残る傾向がある。冬はほかのカラ類やゴジュウカラ(p.189)などと混群をつくる。春から夏は昆虫食、秋から冬は種子食で、貯食もする。雌雄同色。頭はベレー帽をかぶったような黒。喉も黒い。ハシブトガラ(左頁)に酷似するが、頭部に光沢がなく、嘴は細めで、上下の境目は白っぽくない。

自力で穴をあける

ほとんどのカラ類は、自然にできた穴やキツツキの古巣や樹洞(じゅどう)を利用するが、コガラは枯れ木に自力で穴をあけ、営巣する。

 横向き
 樹上
 留

さえずり　ヒーコーヒー ヒーコーヒーなどと三拍子
地鳴き　チチ ジェージェー

173

| シジュウカラ科 |

ヤマガラ ［山雀］

スズメ目シジュウカラ科コガラ属　*Poecile varius* / Varied Tit　■全長 14cm

- 額から頬がクリーム色
- やや太めの嘴
- 下面は鮮やかなレンガ色

東アジアを代表するドングリ好きのカラ類

体下面がレンガ色の美しいカラ類。留鳥または漂鳥として全国に分布するが、小笠原諸島にはいない。国外では朝鮮半島と台湾にも分布する。平地から山地の森林に生息し、特に照葉樹林に多い。昆虫や種子を食べるが、特にエゴノキの実やシイ類のドングリを好む。冬に備え、秋には樹皮の下や地面にドングリを貯食する。伊豆諸島の個体群など、地域によっては貯食したドングリの中身を翌年のひなに与えることもある。雌雄同色で頭は黒い。

エゴノキの実が好き

エゴノキの実も大好き。観察していると頻繁に採りに来る。毒がある果皮は嘴で取り除き、種子を両足で挟んで器用に中身を食べる。

 横向き

 樹上

 留/漂

♪ さえずり　ツツピー ツツピー ツツとゆっくりしたテンポ
　地鳴き　ニィー ニィーと鼻にかかった声

ヒガラ ［日雀］

スズメ目シジュウカラ科ヒガラ属　Periparus ater ／ Coal Tit　■全長 11cm

- 小さな冠羽がある
- 頬が白い
- 翼に明瞭な2本の白線
- 喉が黒い
- 下面は白く模様や線がない

頭に寝ぐせのような冠羽がある小鳥

とにかく小さい。日本のカラ類では最小。留鳥または漂鳥として屋久島以北に分布し、山地から亜高山帯の針葉樹林などに生息し繁殖する。北海道では平地にも普通。厳冬期には平地に移動する個体もいて、都市公園の緑地でも姿を見ることがある。冬はシジュウカラ（p.39）やキクイタダキ（p.171）などと混群になる。軽い体を活かしてアクロバティックな動きで昆虫や種子を食べる。雌雄同色で頭は黒く、短い冠羽がある。喉は黒い。翼には白い2本の線がある。

ネクタイと蝶ネクタイ

一見、シジュウカラに似ているが、シジュウカラには喉から腹まで黒い線があるのに対し、本種は喉が黒いだけ。前者をネクタイ、後者を蝶ネクタイに例える人もいる。

| さえずり | ツピツピツピと高音でテンポの速い声 |
| 地鳴き | ツィツィ |

ヒヨドリ科

シロガシラ ［白頭］

スズメ目ヒヨドリ科シロガシラ属　*Pycnonotus sinensis* ／ Light-vented Bulbul　■全長 19cm

目の後ろが白く
頭の形が三角形

体上面は褐色で
翼と尾がオリーブ色

白い耳羽が
よく目立つ

沖縄で見られるヒヨドリ

頭の白い羽毛が目立つヒヨドリ類。ヒヨドリ（p.44）より小さい。留鳥として八重山諸島と沖縄島に分布し、九州では少数が越冬。平地から山地の森林、農耕地、市街地で普通に見られ、電線で「ビョッキビ ビェー」などとにぎやかにさえずる。昆虫や果実などを食べるが、農作物を食害して問題にもなる。雌雄同色で額は黒く、後頭が白い。耳羽の白も目立つ。体上面は褐色で、翼と尾はオリーブ色。体下面は白いが、胸はくすんだような赤褐色。

やや立つ

樹上

留

移入種？

沖縄島では1976年に初めて確認され、その後は分布域が北上し現在は全島に生息している。沖縄や九州の本種は人為的な移入種の可能性があるとされている。

♪　さえずり　ビョッキビ ビェー
　　地鳴き　　ビャッビャッ、ジュジュジュ

ウグイス [鶯]

スズメ目ウグイス科ウグイス属　*Cettia diphone* / Japanese Bush Warbler　■全長 オス 16cm メス 14cm

ウグイス科

- 細い過眼線がある
- 体上面は茶褐色
- 下面は灰色
- 足は肉色
- 長めの尾羽

名前と鳴き声は有名だが、姿は？

「ホーホケキョ」というさえずりで有名な春告鳥（はるつげどり）。留鳥または漂鳥として全国に分布し、北海道では夏鳥。本州でも東北や標高の高い場所にすむ個体は、冬は南や平地に移動する。繁殖期は、低地から亜高山帯までの、ササなどの下草が豊富な森林に生息し、やぶの中にいてあまり出てこない。食べ物は昆虫や果実。雌雄同色だが、オスはメスよりも一回り大きい。体上面が茶褐色で、下面は淡い灰色。顔には細い過眼線がある。足の色は肉色。

さえずる期間が長い

さえずる期間がとても長く、9月上旬まで続くことがある。本種は一夫多妻なので、次々にメスを代えるため、さえずる期間が長くなる。

 横向き

 樹上

 留 漂

- さえずり　ホーホケキョ
- 地鳴き　チャッチャッチャ、ケキョケキョケキョ

ウグイス科

ヤブサメ ［藪鮫］

スズメ目ウグイス科ヤブサメ属　*Urosphena squameiceps* / Asian Stubtail　■全長 11cm

- よく目立つクリーム色の眉斑
- 過眼線は太い
- 尾羽はとても短い
- 足は長く肉色

尾羽がないように見える小鳥

尾羽が短くアンバランスな体型の小鳥。スズメよりもずっと小さい。夏鳥として屋久島以北に渡来し、西日本では越冬する個体もいる。南西諸島では冬鳥。平地から山地の下草がよく茂る森林に生息し、やぶの中で行動している。「シシシシ…」と昆虫のような次第に強くなる声で鳴き、この声が小雨が降る音を連想させるので名づけられたという説がある。繁殖期には声をよく聞くが、姿を見るのは難しい。雌雄同色でクリーム色の太い眉斑が特徴。体上面は赤褐色。

声が聞こえない人も

本種のさえずりは日本の鳥類の中で特に周波数が高く、高音が聞き取りにくい人には聞こえないことがある。

横向き

樹上

夏

♪ さえずり **シシシシ…**
　地鳴き **チッチッ**

エナガ [柄長]

スズメ目エナガ科エナガ属　*Aegithalos caudatus* ／ Long-tailed Tit　■全長 14cm

エナガ科

- まぶたは黄色
- 黒く太い眉斑
- ブドウ色の肩羽
- 嘴は黒くてとても小さい
- 亜種エナガ
- 亜種シマエナガ
- 長い尾羽は両側が白い

キュートな魅力で人気急上昇

木々の梢を軽業師のように動き回る小鳥。尾羽を柄杓の柄に見立て、名づけられた。留鳥または漂鳥として九州以北に分布。平地から山地の森林に生息し、都市公園でも見かける、冬は他種と混群をつくる。短い嘴でカイガラムシやクモなどを捕食するほか、樹液も好む。雌雄同色の白い体で翼は黒。肩羽のブドウ色が目立つ。本州に広く分布する亜種エナガの顔には黒く太い眉斑があるが、北海道の亜種シマエナガにはなく頭部は純白で、特に人気が高い。

千葉のふしぎなエナガ

千葉県北西部を中心に眉斑の色が淡い、亜種シマエナガのような個体が生息している。通称「チバエナガ」と呼ばれる不思議な鳥で、正体は不明。写真：柴田佳秀

横向き
樹上
留
漂

| 鳴き声 | チュッ チュッ チュッ、ジュルリ ジュルリ、シィシィシィシィ、ヒリリリリ　ヒリリリリ |

ムシクイ科

カラフトムシクイ [樺太虫食]

スズメ目ムシクイ科ムシクイ属　*Phylloscopus proregulus* / Pallas's Leaf Warbler　■全長 10cm

この写真では見えないが明瞭な頭央線がある

眉斑は黄色

全体に黄色みが強い

日本最小のムシクイ

日本最小のムシクイ類で、キクイタダキ(p.171)とならぶ最小級の鳥。数少ない旅鳥として日本海の島や北海道西部に渡来し、関東などでは越冬例もある。針葉樹林にいることが多い。雌雄同色で、全体的に黄色みが強い褐色、明瞭な黄色い頭央線がある。

♪ 鳴き声 チュイッ ティウィッ と尻上がりに鳴く

ムシクイ科

キマユムシクイ [黄眉虫食]

スズメ目ムシクイ科ムシクイ属　*Phylloscopus inornatus* / Yellow-browed Warbler　■全長 10cm

眉斑は汚白色で細い過眼線がある

2本の明瞭な白線がある

チュイーッと鳴く

数少ない旅鳥として日本海の島や南西諸島に渡来するが、近年は本州以南での越冬例が増えている。広葉樹林に生息する。雌雄同色で、眉斑は名前ほど黄色みはなく、くすんだ白色。頭には不明瞭な頭央線がある。翼に白い線が2本ある。

♪ 鳴き声 チュィーッ と尻上がりに鳴く

メボソムシクイ ［目細虫食］

スズメ目ムシクイ科ムシクイ属　*Phylloscopus xanthodryas* ／ Japanese Leaf Warbler　■全長 13cm

ムシクイ科

眉斑は黄色っぽい白
緑がかった褐色
下嘴が橙色
下面は黄色がかった白

夏の登山で聞こえる涼しげな声

本州などの夏山登山で声をよく耳にする鳥。夏鳥として本州、四国、九州の亜高山帯の針葉樹林に渡来し繁殖する。繁殖地は日本だけ。「チョリチョリチョリ」と聞こえる涼しげなさえずりは、「銭取り、銭取り」と聞きなされる。渡りの時期は平地の都市公園でも見られ、春はさえずりを聞かせてくれる。枝から枝へ素早く移動しながら昆虫類を捕食する。雌雄同色で眉斑は細く、黄色みを帯びる白、頭から体上面は緑色を帯びた褐色。下面は白く黄色みがある。

さえずりが違う個体

「ジジロ ジジロ」と鳴く個体が知られていたが、最新の研究で別種のオオムシクイであることが判明した。

横向き

樹上

夏

さえずり	チョチョチョリ チョチョチョリ
地鳴き	ギュ、ギッ

ムシクイ類の見分けについてはp.369を参照

ムシクイ科

エゾムシクイ [蝦夷虫食]

スズメ目ムシクイ科ムシクイ属 *Phylloscopus borealoides* / Sakhalin Leaf Warbler ■全長 12cm

頭は暗褐色でやや黒っぽい
眉斑は白く長い
体上面は緑がかった褐色。頭部との境がはっきりしている

金属的な声の三拍子

「ヒーツーキー」と三拍子の金属的な声でさえずる。和名は北海道にいるムシクイという意味だが、北海道だけでなく、夏鳥として本州中部以北、四国にも渡来し繁殖する。主な生息地は亜高山帯の針葉樹林だが、北海道では平地林にも。渡りの時期には都市公園でもさえずりが聞かれる。枝を素早く動き回って昆虫類を捕食する行動は、ムシクイ類共通。雌雄同色で、顔には明瞭な白い眉斑が目立つ。頭は暗褐色で、体上面は緑色を帯びた褐色。足はピンク色。

 横向き
 樹上
 夏

葉の観察者

ムシクイ属の学名 *Phylloscopus* は、葉の観察者という意味。葉の裏までのぞき込むように丹念に探して昆虫類を捕食する、ムシクイ類特有の行動を表している。

♪ さえずり ヒーツーキー ヒーツーキー
　地鳴き ピッ ピッ

ムシクイ類の見分けについてはp.369を参照

センダイムシクイ ［仙台虫食］

ムシクイ科

スズメ目ムシクイ科ムシクイ属　*Phylloscopus coronatus* / Eastern Crowned Warbler　■全長 13cm

- 頭の中央に灰色の線があることが多い
- 明瞭な白い眉斑
- 下嘴が明るい橙色
- 翼に1本の白い線がある
- 下面は白色

焼酎一杯グイーと鳴くムシクイ

特徴ある鳴き方でさえずる小鳥。夏鳥として九州以北に渡来する。平地から低山の落葉広葉樹林が主な生息環境で、メボソムシクイ(p.181)やエゾムシクイ(左頁)よりも標高の低い所にいることが多い。渡りの時期は都市公園の緑地でも普通に見られ、秋の渡りではほかのムシクイ類よりも早く姿を見せる。「チヨチヨ ビー」と聞こえるさえずりは「焼酎一杯グイー」と聞きなされる。雌雄同色で、頭の中央の灰色の線が他種と見分ける特徴だが、不明瞭な個体もいる。

和名の由来

さえずりを「千代千代」と聞きなして音読みした説と、歌舞伎の演目である「伽羅先代萩（めいぼくせんだいはぎ）」の登場人物の「鶴千代君」とさえずりを聞きなすことにちなんだという説がある。

 横向き
 樹上
 夏

さえずり	チヨチョ ビー、チヨチヨ
地鳴き	フィッ フィッ

ムシクイ類の見分けについてはp.369を参照

ムシクイ科

イイジマムシクイ [飯島虫食]

スズメ目ムシクイ科ムシクイ属 *Phylloscopus ijimae* / Ijima's Leaf Warbler ■全長 12cm

- 頭央線がない
- 眉斑は細く黄白色
- 体上面は黄緑がかった褐色

島にすむ希少なムシクイ類

国の天然記念物で、夏鳥として伊豆諸島とトカラ列島中之島に渡来し、そこだけで繁殖する希少種。本州や九州、琉球諸島でも記録があるが、越冬地はよくわかっていない。一部個体は伊豆諸島で越冬することも。明るい二次林や照葉樹林にすむ。繁殖期には「チュルチュルチュル」というさえずりが森のあちこちから聞こえ、姿を見るのも難しくない。主な食べ物は昆虫。雌雄同色でセンダイムシクイ(p.183)によく似ているが、頭央線はない。

横向き / 樹上 / 夏

鳴き声がポイント

ムシクイ類は羽色や体型がどれもよく似ていて、外見からの識別が難しいが、鳴き声は地鳴きも違うので覚えておくと識別に役立つ。

♪ さえずり **チュルチュルチュル**
　地鳴き **ヒー ヒー**

メグロ [目黒]

スズメ目メジロ科メグロ属 *Apalopteron familiare* / Bonin White-eye ■全長 14cm

- 逆三角形の黒い模様
- 下面は鮮やかな黄色
- 足は黒く長い

世界でも小笠原にしかいない鳥

小笠原の島々にしかいない一属一種の日本固有種。母島、向島、妹島のみで見られる留鳥で、国の特別天然記念物。よく茂った常緑広葉樹林に生息し、二次林や農耕地でも姿を見る。パパイヤなどの果実を食べるイメージがあるが、実際にはアリなどの昆虫を食べることが多い。地上に降りて採食もする。雌雄同色で顔にある逆三角形の黒い模様が特徴で、和名の由来でもある。白いアイリングがある。頭部から体上面は灰緑色で、喉から腹にかけては鮮やかな黄色。

果樹が狙い目

観察するには、果樹の実にやって来るのを見つけるのが手軽だ。庭などに植えられている果樹のよく熟れている実を探し、待っているとやって来る。

さえずり	チョチョチョチョルルルィー
地鳴き	フィーヨ

| センニュウ科 |

エゾセンニュウ [蝦夷仙入]

スズメ目センニュウ科センニュウ属 *Locustella fasciolata* / Gray's Grasshopper Warbler ■全長 18cm

- 白い眉斑が目立つ
- 頭と体上面は赤みのある褐色
- 長くて太い足は肉色

なかなか観察できない鳥の筆頭

 横向き
 樹上
 夏

声はすれども姿が見えぬ鳥はあまたいるが、本種は最難関かもしれない。繁殖期にはやぶの中で昼夜を問わず「トッピンカケタカ」と大声で鳴き続けるが、姿を見るのは困難。夏鳥として北海道に渡来し、平地から山地の灌木林などに生息。下草にアキタブキなどが生える林にいる。春の渡りの時期には、本州で鳴き声を聞くことも。足が太く丈夫で、地上付近を移動しながら昆虫を捕食する。雌雄同色で白い眉斑が目立つ。頭から体上面、尾は赤みのある褐色。

姿を見るコツ

フキが生える斜面で鳴いていたら、姿を見るチャンス。よく観察するとフキが揺れるのがわかるので、そこを注視していると隙間から姿を見せることがある。

 さえずり トッピン カケタカ
 地鳴き タッ タッ

キレンジャク [黄連雀]

スズメ目レンジャク科レンジャク属　*Bombycilla garrulus* ／ Bohemian Waxwing　■全長 20cm

- 黒い過眼線は冠羽の先まで達しない
- 体はなめらかな灰色
- 翼に白斑がある
- 赤いろう物質
- 初列風切先端が黄色
- 尾羽の先が黄色

ヤドリギの果実が大好きな鳥

特徴ある冠羽をもち、ずんぐりした体型。冬鳥として全国に渡来し、東日本に多い傾向がある。渡来数の年変動が激しく、あちこちで群れを見る年もあれば、まったく来ない年もある。平地から山地の森林が生息環境。繁殖地では昆虫を捕食するが、冬は果実を食べ、特にヤドリギやナナカマドを好む。雌雄同色で長い冠羽があり、過眼線と喉が黒い。体全体が灰色で頭部は赤みがあり、絹のようななめらかな質感の羽毛。尾羽の先が黄色いのが和名の由来。

ろう状物質がある羽

次列風切先端には、ろう状の特殊な物質からできている赤い突起がある。英名のWaxwingはそれにちなむ。近縁種のヒレンジャク(p.188)にはろう状物質はなく、赤い色素があるのみ。

鳴き声 チリリリ… と細い声で鳴く

レンジャク科

ヒレンジャク [緋連雀]

スズメ目レンジャク科レンジャク属　*Bombycilla japonica* / Japanese Waxwing　■全長 18cm

黒い過眼線は冠羽の先まで達する

尾羽の先が赤い

尾羽の先が赤い

極東アジア特産のレンジャク類。日本、韓国、中国東部が主な越冬地。冬鳥として全国に渡来し、西日本に比較的多い。キレンジャク(p.187)と同じように渡来数の年変動が激しく、大群が飛来する年もあれば、まったく来ない年もある。平地から山地の森林が生息環境だが、果実を求めて群れで移動する。キレンジャクと群れをつくることも多い。雌雄同色。過眼線が目先から冠羽の先まで達するのが、キレンジャクとの違い。尾羽の先が赤いのが和名の由来。

やや立つ／樹上／冬

姿を見るコツ

ヤドリギやナナカマドの実を求めてやって来るので、実がなる場所がウォッチングポイントだ。「チリリリ…」という細い鳴き声に耳を澄まそう。

鳴き声　チリリリ…、チーチーと細い声

ゴジュウカラ ［五十雀］

スズメ目ゴジュウカラ科ゴジュウカラ属 *Sitta europaea* / Eurasian Nuthatch ■全長 14cm

ゴジュウカラ科

- 体上面は青灰色
- 黒くはっきりとした過眼線がよく目立つ
- やや上に反った嘴
- 下尾筒は赤茶色
- 脇にも赤茶色がある

忍者のような鳥

頭を下にして幹を逆さまに降りる、器用な動きをする鳥。留鳥として九州以北に分布する。低山から亜高山帯の落葉広葉樹林が主な生息環境で、北海道では平地でも普通に見られる。昆虫や種子を食べ、樹皮に種子を挟み固定して食べる習性があり、貯食もする。雌雄同色で、頭から体上面は青灰色。黒い過眼線が目立つ。下尾筒が赤茶色なことから「けつ腐れ」という気の毒な異名がある。北海道のゴジュウカラは下面が白く、下尾筒の赤褐色がない。

左官屋のような仕事

樹洞(じゅどう)やキツツキの古巣を利用して巣とするが、穴の出入り口に泥を塗って自分の都合のよいサイズに調整する習性がある。この左官屋のような仕事はもっぱらメスが行う。

 幹に平行
 樹上
 留

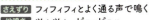
さえずり フィフィフィとよく通る声で鳴く
地鳴き ツィ ツィ、ピョッピョッ

キバシリ ［木走］

キバシリ科

スズメ目キバシリ科キバシリ属　*Certhia familiaris* ／ Eurasian Treecreeper　■全長 14cm

- 細く下に曲がった嘴
- 下面は白
- 樹皮のような複雑な模様
- 尾羽は長く体を支える

まるで木の皮のような色の鳥

　針葉樹の幹のような複雑な羽色をした、スズメよりも小さな鳥。あまりにも樹皮にそっくりなため、動かないと見つからない。留鳥として九州以北に分布。低山から亜高山帯の針葉樹林に生息する。冬も移動せずにそのまま留まる個体が多い。幹に平行にとまり、下から上へらせん状に登りながら、樹皮にいる昆虫やクモを、細長く下に湾曲した嘴で捕らえる。雌雄同色で、頭から体上面には褐色で複雑な模様がある。下面は白い。

幹に平行

樹上

留

キツツキのような動き

長い爪のある足と丈夫な尾羽で体を支え、幹に平行にとまる。幹での姿勢や動きがキツツキ類に似ているが、本種は幹の表面の昆虫を利用し、キツツキは幹の中を狙うことですみ分けている。

♪ さえずり **チチチュルルルル チーチョリ**
　地鳴き **ズィー、チリリリ**

コムクドリ ［小椋鳥］

スズメ目ムクドリ科コムクドリ属　*Agropsar philippensis* / Chestnut-cheeked Starling　■全長 19cm

- 頭はクリーム色
- 頬が赤茶色
- 紫光沢がある黒
- 下面は暗灰色
- オス

ペンキを塗りたくったような色

オスはクリーム色や赤茶色など、カラフルな羽色をしている。夏鳥として本州中部以北に渡来し、春と秋の渡りの時期には全国で見られる。ムクドリ(p.46)の群れに混じることも普通。平地から山地の農耕地と森林が点在するような、開けた環境に生息する。昆虫や果実などを食べる。樹洞営巣で、巣箱もよく利用する。オスは頭がクリーム色で、頬が赤茶色。体上面や翼は紫光沢がある黒色で美しい。メスは全体的に灰褐色で地味な印象。

地球温暖化の影響

新潟市内で行われた調査では、28年間で産卵開始日が15日も早くなっていることが判明している。気温が年々上昇している地球温暖化の影響だと考えられている。

横向き

樹上

夏

さえずり	キュキュキュ ピィピィ ピッピーピィピィ
地鳴き	ギュル ギュル

マミジロ ［眉白］

ヒタキ科

スズメ目ヒタキ科トラツグミ属　*Zoothera sibirica* / Siberian Thrush　■全長 23cm

白い眉斑が目立つ

全身が黒い

オス

足は橙色

白い眉のワンポイントでアピール

白い眉が目立つ黒いツグミ類。夏鳥として本州中部以北に渡来。本州では標高1000〜2000mほどの暗い森林に生息するが、北海道では平地林でも見られる。数はあまり多くない。オスは朝暗いうちから「キョロン ツィー」と一声ずつ区切る鳴き方でさえずり、明るくなるとやめる。目立つ位置で鳴かないので観察は難しいが、早朝は林道に降りてミミズなどを捕食する。水場にも現れる。オスは眉斑が白く、全身が黒い。メスは全身がオリーブ褐色で、白い斑点模様がある。

やや立つ

樹上

夏

越冬地はカンボジア

メス

本種の越冬地は詳しくわかっていなかったが、ジオロケーターという装置を取り付けて調査を行ったところ、カンボジアで越冬していることが判明した。

♪ さえずり　キョロン ツィー
　　地鳴き　チッ

トラツグミ [虎鶫]

スズメ目ヒタキ科トラツグミ属 *Zoothera dauma* / Scaly Thrush ■全長 30cm

体上面は黒と黄褐色のうろこ模様

下面は白地に黒い三日月斑が並ぶ

妖怪ぬえの正体

日本最大のツグミ類。留鳥または漂鳥として奄美大島以北に分布する。北海道では夏鳥。夏は低山から亜高山帯までの森林で繁殖し、冬は本州以南の平地や低山に移動、都市公園の緑地でも姿を見られる。地面を歩きながらミミズや土壌動物を捕食。繁殖期には夜間に「ヒョー」と口笛のような不気味な声でさえずり、平安時代には妖怪「ぬえ」と恐れられたという。雌雄同色で、頭から体上面は黄褐色の地に黒いうろこ模様。下面は白地に黒い三日月斑が並ぶ。

採食ダンス

踊るように、体を上下左右に動かす行動を頻繁に見せる。振動を地中に伝え、驚いてミミズなどが動く音を聴いて探し出す行動だといわれる。写真：髙野丈

 横向き

 地上

 留

 漂

さえずり ヒョー、チー
地鳴き ツィー

クロツグミ ［黒鶫］

スズメ目ヒタキ科ツグミ属　*Turdus cardis* / Japanese Thrush　■全長 22cm

- 嘴とアイリングは黄色
- オス
- 黒い斑点模様
- 足は黄色
- 体上面は緑褐色
- メス

初夏の森で朗らかにさえずる

日本有数の歌い手の鳥。初夏、枝にとまり、複雑な節回しで朗らかにさえずる。夏鳥として九州以北の標高300～1500mの森林に渡来し繁殖する。日本以外では中国の一部にしか繁殖地がないとされ、本種にとって日本の繁殖地は極めて重要。地上を跳ね歩いてミミズなどの土壌動物を捕食するほか、果実なども食べる。オスは腹以外の全身が黒く、白い腹には黒い斑点模様。嘴とアイリングは黄色。メスは体上面が緑褐色で、下面は白地に黒い斑点模様。

複雑なさえずり

さえずりはバラエティに富んでおり、キョロンとツリリンという声の組み合わせが基本形。朗らかな声は約20種、つぶやきは約70種もあり、組み合わせてさえずるという。

やや立つ

地上

夏

♪　さえずり　キョロン キョロン ツリリン キーコ キーコ
　　地鳴き　ツィー、キョッ

マミチャジナイ [眉茶鶲]

スズメ目ヒタキ科ツグミ属　*Turdus obscurus* / Eyebrowed Thrush　■全長 22cm

- 頭は灰色
- 白い眉斑
- 目の下にも白い線
- オス
- 下面はレンガ色
- 下腹部から下尾筒は白色

不思議な名前のツグミ

呪文みたいな和名の鳥。「マミ」は眉、「チャ」は茶、「ジナイ」はツグミの古い呼び名「シナイ」が濁ったもので「眉のある茶色いツグミ」という意。旅鳥として日本に立ち寄る。春よりも秋に見る機会が多く、平地から山地の森林に生息する。果実が好きで、実のなる木に数羽で群れることもある。オスは白い眉斑が目立ち、目の下にも白い線がのびる。頭は灰色、体上面は褐色で下面はレンガ色。メスはオスを全体的に淡くした色合いで、眉斑がやはり目立つ。

秋に果実に集まる

どちらかというと日本海側や本州中部、九州に多い。果実を求めて移動するので、実のなる木を目当てに探すと出会う機会が増すだろう。

やや立つ

樹上

旅

さえずり	キョロン キョロン ビュルル（日本で聞く機会はあまりない）
地鳴き	ツィー

シロハラ ［白腹］

スズメ目ヒタキ科ツグミ属　*Turdus pallidus* ／ Pale Thrush　■全長 25cm

- 頭は黒っぽく灰色
- 黄色いアイリング
- 下嘴は橙色
- 下面は褐色をおびた灰色
- オス

落ち葉を派手にガサガサする

地味な羽色のツグミ類。学名、英名ともに淡い色のツグミという意味。冬鳥として日本全国に渡来するが、越冬地の中心は西日本。北海道では旅鳥。中国地方では繁殖記録も。平地から山地の森林に生息し、都市公園でも見られる。落ち葉の下にいる土壌動物を捕食するほか、果実も好んで食べる。雌雄ほぼ同色。オスは頭が灰色で、体上面は緑がかった褐色。体下面は灰色で和名のように白くはない。メスはオスよりも灰色みが淡く、全体的に褐色。

豪快な採食

嘴を左右に振って落ち葉を跳ね飛ばす、豪快な動きで採食する行動がよく見られる。その音は冬の静かな森でとてもよく聞こえる。

さえずり　キョロン キョロン
地鳴き　ツィー、キョキョキョ

アカハラ ［赤腹］

スズメ目ヒタキ科ツグミ属　*Turdus chrysolaus* ／ Brown-headed Thrush　■全長 24cm

ヒタキ科

- 下嘴は橙色で先が黒い
- 頭と体上面は黒褐色
- 下面はレンガ色で腹の中央部から下尾筒は白色
- オス

おなかの色がレンガ色

初夏の高原の森でさえずるツグミ類。本州中部以北の山地の森で繁殖する。冬は本州中部以西の平地で越冬し、都市公園でも姿を見る。群れではなく単独で見られるのがほとんど。地上で土壌動物を捕食するほか、果実も食べる。繁殖期にはよく目立つ場所にとまり、「キョロン キョロン ツリー」と聞こえる大きな声で繰り返しさえずる。オスは頭から体上面が黒褐色。下面はレンガ色でこれを赤と表現したのが和名の由来。メスは顔に黒みがなく、不明瞭な眉斑がある。

主な繁殖地は日本

メス

日本とサハリン、千島列島でしか繁殖しない。40年ほど前の繁殖地にはさえずりがあふれていたが、近年は驚くほど静かだ。日本での減少は世界から本種がいなくなることを意味する。

やや立つ

地上

漂

- さえずり　キョロン キョロン ツリー
- 地鳴き　ツィー、キョキョッ

197

アカコッコ ［赤鶫］

ヒタキ科

スズメ目ヒタキ科ツグミ属　*Turdus celaenops* ／ Izu Thrush　■全長 23cm

- アイリングと嘴が黄色
- 頭から胸にかけて真っ黒
- 胸と腹は、レンガ色で中央は白い

オス

日本の島にしかいない固有ツグミ

伊豆諸島とトカラ列島で繁殖する日本固有種。国の天然記念物。留鳥だが、一部の個体が冬に本州などで記録されている。明るい林や照葉樹林に生息する。林縁に出て、地上を跳ね歩きながら土壌動物などを捕食し、果実も食べる。さえずりはアカハラ(p.197)に似るが、濁っていて美声ではない。オスは頭から胸までが真っ黒で、黄色いアイリングが目立つ。アカハラで頭の黒みが濃い亜種と似ているがアイリングが明瞭な点で見分けられる。メスは頭部が褐色。

島と島のふしぎな関係

伊豆諸島とトカラ列島は約1000kmも離れているが、本種やイイジマムシクイ(p.184)などの鳥類のほか、カミキリムシなどいくつかの共通種がいる。なぜ離れた島に同じ生物がいるのか謎だ。

 やや立つ
 地上
 留

さえずり　ギョロロージッ ギョロロージッ
地鳴き　ツィー、チャッ チャッ チャッ

コマドリ [駒鳥]

スズメ目ヒタキ科ノゴマ属 *Luscinia akahige* / Japanese Robin ■全長 14cm

頭、胸、体上面が鮮やかな赤褐色

首輪の様な黒い線がある

オス

足が長い

やぶの中に潜む赤い愛らしい小鳥

声はすれども姿が見えない鳥の一つ。夏鳥として九州以北に渡来する。屋久島と種子島、伊豆諸島南部では留鳥。渡りの時期には都市公園でもさえずりを聞くことがある。ササなどの下草がよく茂った亜高山帯の森に生息するが、北海道では平地林にもいる。馬のいななきのような「ヒンカラカラカラ」というさえずりが和名の由来。倒木の上で鳴いている姿を探したい。オスは顔から体上面が鮮やかな赤褐色。メスはオスの羽色をくすませた印象。

三鳴鳥（さんめいちょう）

鳥を飼育して鳴き声を楽しむ習慣があった時代に、本種とウグイス(p.177)、オオルリ(p.209)は特に鳴き声がよい鳥として「三鳴鳥」という称号を与えられていた。現在は法律で野鳥の飼育が禁止されている。

横向き

地上

夏

さえずり ヒン カラカラカラ
地鳴き ツッ、ツンツン

アカヒゲ [赤髭]

ヒタキ科

スズメ目ヒタキ科ノゴマ属　*Luscinia komadori* / Ryukyu Robin　■全長 14cm

- オス
- 目の前から喉、胸が真っ黒
- 脇が黒い
- オスの黒い部分がない
- メス

亜熱帯の森に響く美声の持ち主

亜熱帯の森にすむ、姿も声も美しい小鳥。留鳥として南西諸島と男女群島に分布する日本固有種で、国の天然記念物。平地から山地の下草が茂る照葉樹林に生息する。ゆっくりとしたテンポの美しいさえずりは森の中に響き渡るが、姿はなかなか見えない。主に昆虫や土壌動物を地上で捕食する。亜種アカヒゲのオスは頭から体上面が赤褐色で顔から喉、胸が黒。脇に黒斑があるが、沖縄島にすむ亜種ホントウアカヒゲにはない。メスはオスの黒い部分がない。

横向き / 地上 / 留

道路の側溝で採食

沖縄の北部の森では、道路の側溝を出たり入ったりする行動を見ることがある。側溝内の落ち葉には昆虫やミミズがいるため、それを狙って採食しに来る。

♪ さえずり　ヒー ヒョリヒョリヒョリ、ヒィン ヒョヒョヒョ
地鳴き　ギュィッ

コルリ [小瑠璃]

スズメ目ヒタキ科ノゴマ属 *Luscinia cyane* / Siberian Blue Robin ■全長 14cm

頭から体上面は光沢のない青色

下面は純白

オス

足が長くて肉色

メス

足が長めの青い小鳥

シックな青がおしゃれな小鳥で、夏鳥として本州中部以北へ渡来する。低山から亜高山帯の落葉広葉樹林などに生息し、林床をササが覆う環境を好む。渡りの時期は平地林や公園でも見られる。コマドリ(p.199)に似たさえずりだが、前奏に「チッチッチッ」という声が入る。、長い足は、地上で行動する生活スタイルを象徴している。主に土壌動物を捕食する。オスは頭から体上面が輝きのない青で、下面は純白。メスは頭部から体上面が褐色で、腰に青みがある。

姿を見るなら葉が茂る前

大きな声でさえずるが、意外とどこにいるかわからないことが多い。木の葉があまり茂っていない渡来初期に探しに出かけると、姿を見られるチャンスがある。

横向き

地上

夏

さえずり	チッチッチッ ピチャピチャピチャ
地鳴き	チッ チッ チッ

ルリビタキ [瑠璃鶲]

ヒタキ科

スズメ目ヒタキ科ルリビタキ属　*Tarsiger cyanurus* / Red-flanked Bluetail　■全長 14cm

- 頭から体上面は光沢のある青色
- 白い眉斑があるが、個体によって濃さはまちまち
- 脇は橙色
- 足は黒色
- オス

公園の青いスター

冬には都市公園でも見られる、人気の青い鳥。夏は北海道や本州、四国の亜高山帯の針葉樹林で繁殖し、オスは木の梢でさえずる。冬は本州以南の平地林や都市公園などで越冬し、低い枝や杭にとまり、地上に降りて昆虫類を捕食する。ジャノヒゲの果実なども食べる。オスは白い眉斑があり、頭から体上面、尾が光沢のある青色。脇の黄色が目立つ。メスは頭から体上面が褐色で尾が青く、脇は黄色。オスの若鳥はメスに似ていて、青い羽色になるのに数年を要する。

声がジョウビタキに似る

地鳴きがジョウビタキとそっくりだが、ギュッギュッという声が入る。また、本種の方が暗い林にいることが多いので、環境で判断できるが例外もある。

さえずり　フュルリ ヒュリヒュリ
地鳴き　ヒッヒッ、ギュ ギュ

エゾビタキ [蝦夷鶲]

スズメ目ヒタキ科サメビタキ属　*Muscicapa griseisticta* / Grey-streaked Flycatcher　■全長 15cm

アイリングは汚白色で
あまり目立たないことが多い

喉から脇にかけて
明瞭な縦斑がある

全国で見られるのに蝦夷鶲

旅鳥として秋に出会うことが多いヒタキ。平地から山地の山林に生息し、うっそうとした森よりも明るい林にいることが多い。公園の緑地でもよく見られる。高いところが好きで、木のてっぺんに立った姿勢でとまり、枝から飛び立って、飛翔昆虫を空中でフライングキャッチし、再び枝にとまる。昆虫以外にも果実を好み、熟したミズキの実などに何羽も集まることがある。雌雄同色で、頭から体上面は灰褐色。喉から脇に明瞭な縦斑がある。

木のてっぺんに注目

9〜10月の渡りの時期には、都市公園でも出会うことができる。木のてっぺんが好きなので、意識して探してみよう。

鳴き声　ツィー

サメビタキ属3種の見分けについてはp.370を参照

203

ヒタキ科

サメビタキ ［鮫鶲］

スズメ目ヒタキ科サメビタキ属　*Muscicapa sibirica* / Dark-sided Flycatcher　■全長 14cm

- 白く細いアイリングが目立つ
- 濃い灰褐色
- 一様に灰色か、不明瞭な縦斑がある個体がいる

識別が難しい地味なヒタキ

全身ほぼ灰色の地味な小鳥だが、ヒタキ特有の大きな目が愛らしい。夏鳥として本州中部以北の亜高山帯の針葉樹林に渡来し、北海道でも比較的標高が高い森にいる。渡りの時期には全国の平地林でも見られるが、数は少ない。飛翔昆虫をフライングキャッチで捕食し、秋は果実を食べる。雌雄同色で、頭から体上面が鮫色と表現される濃い灰褐色。細く白いアイリングが目立つ。胸から脇は一様に濃い灰色や不明瞭な縦斑があるなど個体差がある。

立つ / 樹上 / 夏

鮫色ってなに？

和名は鮫色をしたヒタキという意味。鮫色とは、鮫の皮を干して作った灰褐色の皮の色のことで日本刀の柄に用いられた。今では使われない色名。

♪ さえずり　チィーチュリリリチュリなどとつぶやくような小さな声
地鳴き　ツィー

サメビタキ属3種の見分けについてはp.370を参照

コサメビタキ [小鮫鶲]

ヒタキ科

スズメ目ヒタキ科サメビタキ属 *Muscicapa dauurica* / Asian Brown Flycatcher ■全長 13cm

- 目先は白い
- 目は大きく白いアイリングがある
- 体上面は灰色
- 淡い灰色で縦斑はない

地味かわいい、目の大きなヒタキ

色は地味だが、目が大きく愛らしい小鳥。夏鳥として九州以北の平地から山地の落葉広葉樹林に渡来し、繁殖する。渡りの時期には都市公園でも見られる。日本で見られるサメビタキ属では最も小型で、スズメよりも小さい。木の枝にとまり、フライングキャッチで飛翔昆虫を捕食するほか、秋は果実も食べる。さえずりは声量のない複雑な節回しでつぶやくように鳴き、鳴きまねも取り入れる。雌雄同色、体上面は灰色で、太めのアイリングと目先の白が目立つ。

鳴きまねをフレーズに混ぜる

さえずりは複雑。シジュウカラ(p.39)やコジュケイ(p.128)、キビタキ(p.206)の鳴きまねを取り入れている。その順序は毎回異なり、複雑な節回しになるようだ。

立つ
樹上
夏

さえずり チッチョチヨツツツ、ピュルルツツなどバラエティに富む
地鳴き ツィー、チチチチ

サメビタキ属3種の見分けについてはp.370を参照

205

ヒタキ科

キビタキ ［黄鶲］

スズメ目ヒタキ科キビタキ属　*Ficedula narcissina* / Narcissus Flycatcher　■全長 14cm

- 眉斑は黄色
- 翼にとても目立つ白斑
- 喉が橙色で胸から下はレモン色だが、個体によって色に差がないことも
- オス

何度見ても鮮やかな黄色にときめく

新緑の森で美しくさえずる黄色と黒の鳥。夏鳥として九州以北の平地から山地の落葉広葉樹林などに渡来し、渡りの時期には都市公園でも見られる。屋久島から南西諸島にすむキビタキは留鳥。飛翔昆虫をフライングキャッチで捕るが、同じ枝に戻らないのでせわしなく動き回る感じ。果実も好んで食べる。オスは頭と体上面が黒く、黄色い眉斑がある。翼には目立つ白斑。下面はレモン色で喉は鮮やかな橙色。メスは体上面がオリーブ褐色で、腰と尾羽は茶色。

ナルシストのヒタキ？

メス

英名・学名ともにスイセン色のヒタキの意。水に映った自分の姿に恋をして溺死し、スイセンになったギリシャ神話の美少年ナルキッソスにちなむ。

 やや立つ
 樹上
 夏

♪
 さえずり　ピィーヨ ポッピリリ ポッピリリ
 地鳴き　ピッ、ヒッ

オオルリとキビタキ（メス）の見分けについてはp.371を参照

ムギマキ ［麦蒔］

スズメ目ヒタキ科キビタキ属　*Ficedula mugimaki* ／ Mugimaki Flycatcher　■全長 13cm

- 頭に目立つ白斑
- 翼にも目立つ白斑
- 喉から腹が橙色
- オス

白い斑がチャームポイント

秋、麦の種蒔きの時期に姿を見せることが和名の由来。旅鳥として全国を通過するが、数は少ない。春は日本海の島で比較的多く見られる。秋は西日本に多い。平地から山地の森林に生息し、昆虫や果実を食べる。特に秋は、カラスザンショウやミズキの果実を食べに来る。オスは頭から体上面が黒く、頭と翼に白斑がある。喉から腹は橙色。メスは頭から体上面、尾羽がオリーブ褐色。喉から腹は、オスよりも淡い橙色。オスの若鳥はメスに似るが、喉の橙色が濃い。

和名も学名も英名も同じ

メス

和名も学名も英名もすべて同じムギマキ。学名に和名がつく鳥はアオゲラ(p.160)などいくつかあるが、和名も学名も英名もすべて同じなのは日本の鳥では本種だけ。

やや立つ

樹上

旅

さえずり	チュル チュル チュチリリリ
地鳴き	ヒッ ヒッ

ヒタキ科

オジロビタキ ［尾白鶲］

スズメ目ヒタキ科キビタキ属　*Ficedula albicilla* / Taiga Flycatcher　■全長 12cm

喉から胸が橙色

オス

尾羽の付け根の外側が白い

喉の橙色がチャームポイント

オスの喉が橙色の小さなヒタキ類。数少ない冬鳥として、平地から山地の明るい林や公園に渡来する。日本海の島では春と秋、渡り途中に通過する個体が見られる。枝から枝へ活発に動き回って昆虫を探し、頻繁に地上へ降りて捕食する。オスは頭から体上面が灰褐色で、喉から胸にかけて橙色。下面は汚白色。メスは体上面が褐色で、下面が褐色みがある白色。尾羽は黒く、両側の付け根に白斑がある（和名の由来）。尾羽を上に振り上げる特徴的な動きをする。

横向き／樹上／冬

実はニシオジロビタキ？

オジロビタキとされている鳥に、近縁のニシオジロビタキが含まれている可能性が高い。両種は酷似するが、地鳴きや嘴の色が違う。

鳴き声　ジジジッ

オオルリ ［大瑠璃］

スズメ目ヒタキ科オオルリ属　*Cyanoptila cyanomelana* ／ Blue-and-white Flycatcher　■全長 17cm

- 目先と目の周辺は黒い
- 目の覚める様な瑠璃色だが、光線によっては黒っぽく見えることもある
- 尾羽の付け根の外側に白斑がある

姿も声も美しい幸せの青い鳥

日本の鳥でひときわ美しさが際立つ青い鳥。夏鳥として九州以北の低山の森に渡来し、渓流や湿地の樹林を好む。渡りの時期には都市公園でも見られる。繁殖期のオスは、木の梢で声量のある涼しげな声でさえずり、終わりに「ジジ」と濁った声を出すのが特徴。メスもさえずることがある。飛翔昆虫をフライングキャッチで捕食する。オスは頭から体上面、尾羽が輝きのある瑠璃色で、腹は純白。メスは頭部から体上面がオリーブ褐色で、尾羽は赤褐色。

メスのさえずりは危険信号

メスがさえずるのは、巣に危険が迫ったときの行動だと考えられている。もし、繁殖期にメスがさえずりだしたら、近くに巣がある可能性が高いので、すぐに離れよう。

 立つ

 樹上

 夏

さえずり　ピィーヒィーリリ ピピーピィーリ　ジジ
地鳴き　クッ、カッ

オオルリとキビタキ（メス）の見分けについてはp.371を参照

| イワヒバリ科 |

イワヒバリ ［岩雲雀］

スズメ目イワヒバリ科カヤクグリ属　*Prunella collaris* / Alpine Accentor　■全長 18cm

- 頭は灰色
- 縦斑が並ぶ
- 雨覆の先が白い
- 下嘴の付け根が黄色い

登山者の疲れを癒やす天空の歌姫

森林限界の上の岩場で見られる、スズメ大の鳥。人を怖がらないことが多く、涼しげな声で登山者の疲れを癒やす。本州の標高2400m以上の高山に分布し、繁殖する。冬は低山に移動するが、平地まで降りることはない。ヒバリ（p.96）のように飛びながら、涼しげな声でさえずる行動が和名の由来。夏は昆虫、冬は種子を採食する。雌雄同色で、頭は灰色で下嘴が黄色く目立つ。体は上面、下面ともに栗色で、背中には褐色の縦斑がある。翼は黒い。

 横向き
 地上
 留
 漂

メスが求愛する

ほとんどの鳥はオスがメスに求愛するが、本種は逆で、メスがオスに求愛する不思議な習性をもつ。メスは赤いお尻の穴をオスに見せて求愛し、交尾を促す。

♪ さえずり　**チュチュリ チュルリチュルリル**などと複雑な節回し。
地鳴き　**ビュリュ**

カヤクグリ ［茅潜］

スズメ目イワヒバリ科カヤクグリ属　*Prunella rubida* / Japanese Accentor　■全長 14cm

イワヒバリ科

- 赤褐色の地に縦斑がある
- 下面は鉛色
- 脇には赤褐色の縦斑がある

高山にすむ日本固有の小鳥

高山のハイマツにいる地味な色の小鳥で、日本固有種。北海道、本州、四国の亜高山帯から高山帯で繁殖し、冬は低山や丘陵地の落葉広葉樹林で越冬する。越冬期はやぶに潜み、やぶから現れるのを茅をくぐって出てくる様子に見立てて、この名がついた。オスは繁殖期にハイマツの枝先にとまり、鈴を転がすような美しい声でさえずる。夏は昆虫を、冬は種子を食べる。雌雄同色で、頭は褐色で、体上面は赤褐色に黒い縦斑がある。体下面は鉛色。

イワヒバリとの見分け

本州の高山に登るとイワヒバリ（左頁）と本種によく出会う。それぞれ地味な鳥で区別がつきにくいが、本種は胸から腹が鉛色で目立った模様がなく、翼に白斑がない。

横向き

地上

漂

さえずり	チチピュルルリチュチュチュなどと連続して鳴く
地鳴き	チリリリ

| スズメ科 |

ニュウナイスズメ ［入内雀］

スズメ目スズメ科スズメ属　*Passer rutilans* ／ Russet Sparrow　■全長 14cm

- 汚白色の眉斑（メス）
- 明るい栗色（オス）
- 喉が黒い

頬に黒い斑がないスズメ

山野にすむスズメで、オスは頭の栗色が美しい。夏は本州中部以北の積雪が多い地域で繁殖し、冬は本州中部以南の主に太平洋側に移動し越冬する。山地の広葉樹林に生息し、樹洞やキツツキの古巣に営巣する。北海道では平地の市街地でも繁殖。繁殖期は昆虫を捕食し、越冬期は種子を食べる。かつては大群でイネを食害した。スズメ（p.49）にある頬の黒斑がない。オスは頭から体上面が栗色で、メスは顔に明瞭な汚白色の眉斑があり、体上面が灰褐色。

名前の由来の三説

頬に「ニュウ（ほくろ＝黒斑）」がないことに由来する説、イネを食べることから新嘗雀と呼ばれ、なまった説、左遷された官僚が死後この鳥に化けて内裏に侵入（入内）した伝説など諸説ある。

 横向き
 樹上
 漂

- さえずり　チーチュリチョチリリ
- 地鳴き　チュン、チュチュチュ、ジュジュ

ビンズイ ［便追］

スズメ目セキレイ科タヒバリ属 *Anthus hodgsoni* / Olive-backed Pipit ■全長 15cm

セキレイ科

- 白い眉斑
- 耳羽の白斑が目立つ
- 胸から腹に縦斑がある
- 肉色の足は長め

木ひばりとも呼ばれた森のセキレイ

漂鳥または夏鳥として北海道、本州、四国に分布する。繁殖期は亜高山帯の針葉樹林などに生息し、オスは梢で、あるいは飛びながらヒバリ(p.96)のような声でさえずり、「木ひばり」の異名をもつ。冬は平地に移動し、地上にいることが多い。特に松林に多く、数羽で尾羽を上下に振りながら歩いて昆虫や種子を採食する。雌雄同色。頭から体上面が緑褐色で、白い眉斑がある。体下面は白地に黒い縦斑がある。耳羽の白斑が特徴で、類似種のタヒバリ(p.112)にはない。

名前の由来は鳴き声

ヒバリのような複雑な節回しで長くさえずるが、フレーズの最後にズィーズィーと独特な声を発する。これを「ピンピンズィーズイー」と聞きなしたのが、和名の由来。

 横向き

 地上

さえずり チョッピチュルリチーチー ズィーズィー
地鳴き チッ ズィー

アトリ科

アトリ [花鶏]

スズメ目アトリ科アトリ属　*Fringilla montifringilla* ／ Brambling　■全長 16cm

- 頭は黒と褐色のまだら模様
- 翼は黒い
- 黄色で三角形に尖る
- 胸と肩羽は鮮やかな橙色

オス 冬羽

メス

ときには数十万羽の大群になる

橙色の羽色が美しいスズメ大の小鳥。冬鳥として全国の山林や農耕地などに渡来する。年によって渡来数に差があり、あちこちで姿を見る年もあれば、ほとんど姿を見せない年もある。ときには数十万羽もの大群になり、飛び立った群れは巨大な生きものように動き、圧巻。和名は集まる鳥の「あつとり」が転訛したという。種子を好んで食べ、樹上や地上で採食。オスの冬羽は喉と胸が橙色で頭部は褐色。夏羽では頭から体上面が黒くなる。メスの頭部は灰褐色。

横向き

地上

冬

食べ物があるかどうかで決まる

冬鳥の多くは食べ物がある場所を求めて移動する。北方に多くの食べ物がある年にはそのまま滞在し、日本に渡って来ない場合がある。

🎵　鳴き声　キョキョキョ、チュィーン

マヒワ ［真鶸］

スズメ目アトリ科マヒワ属　*Carduelis spinus* / Eurasian Siskin　■全長 13cm

- 頭頂と喉が黒い
- 褐色の縦斑が目立つ
- オス
- メス
- 黄色い翼帯

チュイーンとにぎやかな黄色い小鳥

冬の森で出会う黄色い小鳥。スズメよりも小さい。冬鳥として全国の森林に渡来するが、北海道や本州中部以北では局地的に繁殖する。植物の種子を好み、先が尖った嘴でハンノキやカラマツの実から器用に種子をつまみ出して食べる。冬には群れでいることが多く、「チュイーン」という独特の声でにぎやかに鳴きながら行動する。オスは体全体が黄色で頭と喉が黒い。メスは体全体が淡い黄色で、体下面は白地に褐色の縦斑が目立つ。幼鳥は雌に似る。

春に見たい美しい夏羽

春は市街地の公園にコナラの花芽などを食べに群れがやって来ることがある。そのころのオスは夏羽に換わりつつあり、黒と黄色の羽色がいっそう濃くひときわ美しい姿になる。

 横向き

 樹上

 冬

 留

さえずり　チチビュルルリチュチュチュなどと連続して鳴く
地鳴き　チリリリ　チュイーン

| アトリ科 |

オオマシコ ［大猿子］

スズメ目アトリ科オオマシコ属　*Carpodacus roseus* ／ Pallas's Rosefinch　■全長 17 cm

- 頭頂と喉が銀色
- オスより赤みが淡く、縦斑が目立つ
- 黒い縦斑
- 全身が紅色
- オス
- メス

山にいる、憧れの赤い小鳥

一度は出会いたい赤い鳥。雪上にいるオスはひときわ美しく、ため息が出る。冬鳥として九州以北に渡来するが、本州中部以北で見ることが多い。平地から山地の森林に生息するが、山間部にいることが普通。林に隣接する農耕地でも姿を見る。大群になることはなく、数羽で林道脇の地面を歩きながら落ちている種子を採食する。オスはほぼ全身が紅色で、額と喉が銀色に輝く。メスは全身が褐色で、顔に赤みがある。若いオスはメスに似るが、赤みには個体差がある。

横向き / 地上 / 冬

林道を歩いて探す

カラマツ林や落葉広葉樹林の林道脇の、ハギ類やタデ類が生えている場所にいることが多い。車が通らない静かな林道を歩いて探してみよう。

　鳴き声　チィーッと金属的な声

216

ギンザンマシコ [銀山猿子]

スズメ目アトリ科ギンザンマシコ属　*Pinicola enucleator* / Pine Grosbeak　■全長 22cm

アトリ科

- 太くペンチのような嘴
- 全身が暗めの赤色
- 雨覆の羽縁が白い
- オス

ハイマツが大好きな赤い鳥

山のハイマツ帯にすむ赤い小鳥。アトリ科では最大級。主に冬鳥として北海道に渡来し、大雪山では繁殖する。日高山脈や知床半島、利尻島のハイマツがあるところでも夏に見られており、繁殖の可能性がある。ハイマツの実が主食で、北極圏でハイマツが凶作の年は、日本への渡来数が増加する傾向がある。そんな年は札幌など市街地のナナカマドの街路樹にも、実を求めて姿を見せる。オスは全身が暗赤色で、うろこ模様がある。メスは黄褐色で赤みがない。

ギンザンってなに？

メス

北海道にかつてあった銀山という地名にちなむという説や、「ギンスジマシコ」とも呼ばれていたオオマシコ（左頁）と混同され、転訛したという説がある。

横向き

樹上

留

冬

さえずり　ピュルフリュルルフュールルと涼しげな声で鳴く
地鳴き　ピュル、ピュィッ

イスカ ［交喙］

スズメ目アトリ科イスカ属　*Loxia curvirostra* / Red Crossbill　■全長 17cm

- 目先が黒い
- 先端が左右に交差した嘴
- オス
- 翼と尾羽が黒い

メス

松かさをこじ開ける専用嘴をもつ鳥

嘴の先端が交差している小鳥。冬鳥として全国に渡来するが、北海道、青森県、長野県では繁殖が確認されている。マツ類の種子が主食で、嘴を松かさのすきまに差し込んでこじ開け、種子だけを器用に取り出して食べる。したがって本種が見られるのはマツ林などの針葉樹林であることが多い。繁殖期が鳥では珍しく11月から4月までの冬期で、これはヒナへ与えるマツの種子が豊富な時期にあたるため。オスは全身が赤く、目先と翼、尾羽が黒い。メスはオリーブ緑色。

横向き / 樹上 / 冬 / 留

赤い鳥と黄色い鳥

オスは赤だけでなく、黄色や橙色、赤と黄色のまだらなど様々な羽色。これは食べたマツの種子に含まれる色素、カロチノイドの摂取量の違いと年齢によるもの。

さえずり　フィッフィッフィッフィ フィッフィ
地鳴き　ピョッ ピョッ

ウソ [鷽]

スズメ目アトリ科ウソ属　*Pyrrhula pyrrhula* / Eurasian Bullfinch　■全長 16cm

- 黒く太い嘴
- 額から後頭部まで光沢のある黒
- 喉と頬が赤い
- 体は褐色（メス）
- 翼と尾羽は黒い
- オス

ほっぺが赤い、花芽が大好きな小鳥

頬の赤い斑が目立つ小鳥。本州中部以北の亜高山帯の針葉樹林で繁殖し、北海道では平地林でも営巣する。標高の高い場所の鳥は冬に平地へ移動するほか、国外から冬鳥として渡来する鳥も多い。渡来数が多い年は都市公園でも見られる。「フィ フィ」と口笛のような声で鳴き、口笛の古語を意味するウソという和名になった。繁殖期は昆虫を食べ、秋冬は種子や木の実、花芽を食べる。雌雄共に頭と翼、尾羽が黒く、そのほかは灰色。オスは頬が赤く目立つ。

鷽替神事（うそかえしんじ）

全国の天満宮神社では鷽替神事という本種の木彫りを頒布する行事がある。古い木彫りの鷽を新しい鷽に取り替えることで、前年の災難を嘘とし、幸運に替えるよう祈念する神事である。写真：柴田佳秀

- さえずり：フィヨン フィーフィーフィー
- 地鳴き：フィ フィ フィ

アトリ科

シメ ［鶸］

スズメ目アトリ科シメ属　*Coccothraustes coccothraustes* / Hawfinch　■全長 19cm

- 目先と喉が黒い
- オスの頭は赤みのある褐色
- メスの頭は赤みがない灰色
- 太いペンチのような嘴は肉色
- 次列風切が紫色で先が角張っている
- オス
- メス

太い嘴で堅い種子をかみ砕く

嘴も体も太い鳥。本州中部以北の森林で繁殖するが、越冬のため国外から渡ってくるものが多い。冬は山地から平地の落葉広葉樹林や都市公園で普通に見られる。「ピチッ」と聞こえる独特な声で存在を知ることが多い。太くて丈夫な嘴をもち、堅い種子をかみ砕いて食べるので「穀物を粉砕するもの」という意味の学名がつけられた。雌雄ほぼ同色で、全体的にはベージュ色の鳥。目先が黒く、目つきが悪そうに見える。嘴は、冬は肉色だが、繁殖期には鉛色になる。

やや立つ／樹上／冬

和名の由来は鳴き声から

地鳴きの「シー」と聞こえる声が和名の由来。メは鳥を意味する古い言葉で「シー」と鳴く鳥だからシメ。カモメやツバメ、スズメのメも同じ鳥という意味である。

鳴き声　ピチッ、シーッ、ツツッ

コイカル [小斑鳩]

スズメ目アトリ科イカル属 *Eophona migratoria* / Chinese Grosbeak ■全長 19cm

アトリ科

- 覆面をかぶったような真っ黒な頭
- 黄色の太い嘴は先が黒い
- 頭は灰褐色
- メス
- オス
- 腰が白い
- 脇は橙色
- 初列次列風切の先は白い

嘴が黄色い、黒覆面の鳥

黒い覆面をかぶったような姿の鳥。冬鳥として少数が本州中部以西に渡来するが、東京や熊本などで繁殖例がある。平地から山地の森林や都市公園に生息する。単独もしくはイカル（p.222）の群れに混じることも多い。種子が主な食べ物で、太い嘴で割り、中身を食べる。樹上だけでなく、地上に降りて採食する。オスは頭が黒く、嘴は黄色。体上面は褐色。腰は白い。翼は黒く、白斑が目立つ。メスは頭が灰褐色。類似種のイカルは頭の黒が狭く、体に茶色みがない。

イラガの繭を食べる

冬は種子を食べることが多いが、枝についているイラガの繭を嘴で割り、中にいるサナギを食べることもある。

やや立つ

樹上

冬

さえずり	キーコキーコ キー
地鳴き	キョッ キョッ

イカル [桑鳲]

スズメ目アトリ科イカル属　*Eophona personata* / Japanese Grosbeak　■全長 23cm

- 頭の前半分が光沢のある黒
- 黄色い太い嘴
- 翼に目立つ白斑

黄色く太い嘴で、文鳥みたいな鳥

黄色い大きな嘴と黒い頭の小鳥。留鳥として九州以北に分布するが、北海道北部では夏鳥。夏は平地から山地の落葉広葉樹林で繁殖し、山地の鳥は冬に平地に移動することが多い。夏はつがいでいるが、冬は数羽から数十羽の群れになる。繁殖期は昆虫を捕食し、秋冬は種子を主に食べる。頑丈な嘴で堅い種子を簡単に割ってしまう。雌雄同色で、頭が黒いので黄色い嘴がいっそうよく目立つ。体は灰色で、翼と尾羽は黒い。飛ぶと翼の白斑がよく目立つ。

雨が降る前触れ

さえずりを「蓑笠着い」と聞きなす地方がある。繁殖期が梅雨時期にあたるため、この声を聞くと雨が降るとされ、雨具である蓑と笠を用意したほうがよいとした。

やや立つ

樹上

留

漂

♪ さえずり　キィーコーキーとゆっくりと鳴く
地鳴き　キョッ キョッ

ミヤマホオジロ ［深山頬白］

スズメ目ホオジロ科ホオジロ属　*Emberiza elegans* ／ Yellow-throated Bunting　■全長 16cm

- 冠羽
- 顔にうっすらと黄色みがある
- サングラスのような黒い模様
- レモン色の顔
- 胸に三角形の黒い模様
- オス
- メス
- 腰は灰色
- 尾羽の外側が白い

黄色い顔のエレガントなホオジロ

ほんのりとレモン色に染まった顔が気品あるホオジロ類。学名もエレガントなホオジロという意味。冬鳥として全国に渡来し、西日本に多い。対馬と広島県で繁殖した記録がある。秋には日本海の島でも群れが観察される。平地林に生息し、林縁の地上で植物の種子を採食する。オスは眉斑と喉が黄色で、目にはサングラスのような黒い模様があり、胸にも三角形の黒い模様。メスは全体的にオスを淡くした色彩。胸には黒い斑がない。雌雄ともに冠羽がある。

ミヤマは山奥ではない

「ミヤマ」は深山＝山奥という意味で使うことが普通だが、鳥の場合は遠くという意味もある。本種の和名は国外の遠い場所から来たホオジロということになる。

 やや立つ

 地上

 冬

> さえずり　チッチ チュリチュリチチと複雑な節回しで鳴く
> 地鳴き　チュッ　チュッと一声ずつ鳴く

ノジコ [野路子]

スズメ目ホオジロ科ホオジロ属 *Emberiza sulphurata* / Yellow Bunting ■全長 14cm

- 目先が黒くない
- 白いアイリングが最大の特徴
- 下面は鮮やかな黄色
- 脇の縦斑は少なめ

メス / オス

アイリングがポイントの黄色い小鳥

アオジ（右頁）そっくりな黄色い小鳥。夏鳥として、本州中部以北で局地的に繁殖する。特に新潟県や東北地方に多い。低地から山地の沢筋や湿地に隣接する低木林などを好むが、富士山麓では乾燥したカラマツ林で見られる。オスは高い木の梢のソングポストでよくさえずる。主に昆虫や種子を食べる。雌雄ほぼ同色で、白いアイリングが目立つ。オスは目先が黒く、体下面が鮮やかな黄色。メスは目先が黒くない。類似種のアオジにはアイリングがない。

日本だけの繁殖地

世界でも本州中部以北でしか繁殖しない希少種。総個体数は3500～15000羽と推定されている。現在は分布拡大傾向が見られるが、予断を許さない。

横向き

樹上

夏

さえずり　チン　チン　チョロリー　チョイチョイなどと涼しげな声

地鳴き　チュッ、チッ

アオジ [青鵐]

スズメ目ホオジロ科ホオジロ属　*Emberiza spodocephala* / Black-faced Bunting　■全長 16cm

ホオジロ科

- 目先が黒い
- 頭は暗い緑色
- 体上面は褐色で黒い縦斑がある
- 下面は黄色で褐色の縦斑が目立つ
- オス

ちっとも青くないけど？

黄色い小鳥なので、どこが青なの？と思いたくなるが、頭の緑がかった色が和名の由来。昔は緑を青と呼んだ。夏は本州中部以北の山地の森林で繁殖し、冬は平地へ降りて越冬する。北海道では夏鳥。西日本では冬鳥。越冬期は平地林だけでなく、ヨシ原や都市公園でも普通に見られる。「ヂッ」という強い一声だけの地鳴きで存在を知ることも多い。主食は昆虫や種子。オスは頭が暗い緑灰色で、体下面は黄色。脇には褐色の縦斑がある。メスは淡黄色の眉斑がある。

地鳴きを覚えよう

メス

ベテランは、姿の見えないホオジロ類を地鳴きだけで識別する。本種は「ヂッ」と濁った声で一声ずつ鳴くので、識別はそれほど難しくない。耳を澄まして覚えよう。

 横向き

 樹上

 漂
 留

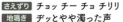
さえずり　チョッ チー チョ チリリ
地鳴き　ヂッとやや濁った声

ホオジロ科

クロジ ［黒鵐］

スズメ目ホオジロ科ホオジロ属　*Emberiza variabilis* / Grey Bunting　■全長 17cm

- 褐色の地に黒い縦斑がある
- 下嘴が肉色
- 全身が暗灰色
- オス
- 足は肉色

ホオジロ類で異色の黒い鳥

褐色系の色が多いホオジロ類としては、全身が暗灰色で異色の存在。日本とサハリン、千島列島、カムチャツカ南部にしか分布しない貴重な鳥。北海道と本州中部以北のササが茂るブナ林や針葉樹林で繁殖し、冬は本州中部以南の平地のスギ林や常緑樹林などの暗い森に生息する。やぶの中の地上で種子を採食するため、姿をなかなか見せてくれない。オスは全身が暗灰色で下嘴と足が肉色。メスはアオジ（p.225）のメスに似るが、黄色みがなく、腰が茶色い。

尾羽に白い部分がない

日本のホオジロ類の多くは尾羽の外側に白斑があり、飛んだときにとてもよく目立つ。しかし、本種の尾羽には白斑がなく、重要な識別ポイントになる。

横向き

樹上

漂

さえずり	フィー チーチーとゆっくりとしたテンポ
地鳴き	チッ

ガビチョウ ［画眉鳥］

スズメ目チメドリ科ガビチョウ属　*Garrulax canorus* ／ Chinese Hwamei　■全長 25cm

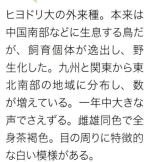

勾玉のような白い模様
全身が赤褐色

一年中さえずっている鳥

ヒヨドリ大の外来種。本来は中国南部などに生息する鳥だが、飼育個体が逸出し、野生化した。九州と関東から東北南部の地域に分布し、数が増えている。一年中大きな声でさえずる。雌雄同色で全身茶褐色。目の周りに特徴的な白い模様がある。

| さえずり | ヒョヒーヒョ ヒョヒーヒョ ヒョイなどと複雑に鳴く |
| 地鳴き | ビュービュービュー |

ソウシチョウ ［相思鳥］

スズメ目チメドリ科ソウシチョウ属　*Leiothrix lutea* ／ Red-billed Leiothrix　■全長 15cm

赤い嘴が目立つ
喉が鮮やかな橙色
翼に目立つ赤色がある

美しい外来種の小鳥

本来は中国などに分布する鳥だが、江戸時代から愛玩用に飼育され、逸出した個体が野生化している。留鳥として本州中南部、四国、九州などの山地林に生息する。雌雄同色で、嘴が赤く、体上面は緑灰色。喉や下面は黄色で、胸は赤褐色。

| さえずり | ピッチョイチョイチョイ |
| 地鳴き | ギジジジとモズに似た声 |

227

カモ科

ヒシクイ ［菱喰］

カモ目カモ科マガン属 *Anser fabalis* / Bean Goose ■全長 85〜95cm

嘴は黒く
橙色の帯がある

亜種ヒシクイ

野武士にも似た風格のガン

黒く無骨な表情の大型ガン類。ヒシクイとオオヒシクイの2亜種が冬鳥として渡来。ヒシクイは主に宮城県や秋田県で越冬し、オオヒシクイは新潟などの日本海側の湖沼で越冬するものが多い。国の天然記念物。和名の通りヒシの実を食べるが、マコモの根など様々な植物を食べる。「ガガゴォ」とマガンよりも太い声で鳴き、鳴き声だけでも識別可能。雌雄同色で、嘴の先の橙色が特徴。オオヒシクイはヒシクイよりも大きく、コハクチョウ(p.234)と大差ない。

生息環境の違い

ヒシクイは冬の水田などの比較的乾いた場所で落ち籾などを採食するが、オオヒシクイ(写真)は湿地を好み、マコモの根を泥から掘り出して食べる習性がある。

横向き

地上

冬

♪ 鳴き声 ガガゴォ ガガゴォ

マガン ［真雁］

カモ目カモ科マガン属 *Anser albifrons* / Greater White-fronted Goose ■全長 72cm

額と嘴の付け根が白い

不規則な黒斑

日本のガン類で最も数が多い

冬鳥として東北地方や日本海側の湖沼で越冬する。北海道では旅鳥。国の天然記念物。昼は水田で採食し、夜は浅い沼で大集団で眠る。植物食で草の葉や根、落ち籾などを食べる。隊列を組んで飛ぶ美しい飛行形態は「雁行」と呼ばれる。雌雄同色で、額から嘴の付け根が白いのが特徴。腹には不規則な黒い模様がある。個体によっては黄色いアイリングがあり、カリガネと誤認される。幼鳥は顔に白い部分がなく、嘴の付け根が橙色。

飛び立ち合図

首を伸ばし、頭を小刻みに左右に振る動作は飛び立ちの合図である。常に家族で行動し、全員が首を振って合図が揃うと飛び立つ習性がある。

横向き

地上

冬

鳴き声 カハハン カハハンと甲高い声

ハクガン [白雁]

カモ目カモ科マガン属 *Anser caerulescens* / Snow Goose ■全長 67cm

- 濃いピンク色の嘴
- 全身真っ白
- 初列風切が黒い

飛ぶと翼の先が黒い白いガン

かつては東京湾などで大群が越冬し、雪のようだったという白いガン。ごく少数が東北や新潟などに渡来するに過ぎなかったが、近年は増加傾向にあり、大きな群れが見られるようになっている。マガン(p.229)やハクチョウ類の群れに混じることもある。ほかのガン類と同じく、日中は水田などで草の葉や根、落ち籾を採食し、夜間は浅い沼で寝る。雌雄同色で、全身が真っ白で嘴がピンク色。初列風切が黒く、飛ぶと白と黒のコントラストが美しい。幼鳥は灰色。

横向き / 地上 / 冬

羽数回復計画

1993年に日露米の研究者が共同してアジア個体群の羽数回復計画をスタートさせ、人工孵化した本種を放鳥した。現在その成果が実りつつあり、かつてのように大群が見られるようになってきた。

 鳴き声 キャハン キャハン、ググ グ

シジュウカラガン ［四十雀雁］

カモ目カモ科コクガン属 *Branta hutchinsii* / Cackling Goose ■全長 60cm

- 額が角張る
- 白い頬が目立つ
- 嘴は黒く小さい
- 白い首輪模様がある

顔がシジュウカラに似ているガン

頭と首が黒く、シジュウカラ(p.39)のように頬が白いことが和名の由来。昭和初期まで宮城県に群れが渡来していたが、繁殖地でキツネが放されたことで激減。数羽が渡来するだけだった。1991年に日露米の研究者が共同で始めた羽数回復計画によって個体数が増加し、2019年時点で宮城県北部などに約5000羽が越冬するまでになった。草の葉や根、種子などを食べる。雌雄同色で、頭から首が黒く、頬は白色。体は灰褐色。嘴が小さく、額が角張っている。

カナダガン

本種にそっくりで大型のカナダガンは飼い鳥が野生化した外来種。本種と交雑する危険があったが、全て捕獲された。

横向き

地上

冬

鳴き声 キャハキャハと甲高い声

カモ科

コクチョウ [黒鳥]

カモ目カモ科ハクチョウ属 *Cygnus atratus* / Black Swan ■全長 125cm

虹彩は赤い

嘴は赤く、先端近くに白い帯がある

黒いハクチョウ

本来はオーストラリアの鳥。飼い鳥として輸入された個体やその子孫が逃げ出して野生化している。茨城県と宮崎県の湖沼では繁殖しているほか、北海道や関東地方など各地で観察されている。河川や湖沼に生息するほか、海でも目撃例がある。主な食べ物は植物で、水草や草の葉などを採食する。渡りをする習性はない。雌雄同色。水上にいるときは全身が真っ黒に見えるが、翼の初列と次列風切が白く、飛ぶと目立つ。嘴と目は赤い。幼鳥は灰色。

横向き

水上

留

ブラックスワン

英名の Black Swan は、あり得ないことが起こるという意味で使われる。いないとされた「黒い白鳥」が17世紀にオーストラリアで見つかってしまったことにちなむ。経済用語として使われる。

 鳴き声 コーフォーコーフォーとオオハクチョウに似るが音質は高い声

コブハクチョウ ［瘤白鳥］

カモ目カモ科ハクチョウ属　*Cygnus olor* ／ Mute Swan　■全長 152cm

上嘴付け根に黒いこぶ

足は黒いが品種改良された個体はピンク色

外来種のハクチョウ

嘴の付け根にこぶがあるハクチョウ。1933年に八丈島で捕獲された記録があるのみ。飼い鳥としては、53年にドイツから輸入された24羽が皇居へ放鳥されたのが最初。現在は飼育鳥が逸出して野生化、外来種として日本各地の湖沼に生息している。水草やクローバーなどを食べる。ほとんど鳴き声は発しない。雌雄同色、嘴は橙色で上嘴の付け根に黒いこぶがある。こぶはオスの方が大きい。体重は15kgもあり、飛ぶ鳥の中では最重量級。

威嚇に注意

ひなを連れた親子は微笑ましいが、近寄らない方が賢明。親はひなを守ろうとして嘴や翼で攻撃してくる。翼の力は強烈で、まともに当たると負傷する恐れがある。

 横向き

 水上

 留

鳴き声 ガウ、ヒァと小さな声で鳴く

カモ科

コハクチョウ [小白鳥]

カモ目カモ科ハクチョウ属 *Cygnus columbianus* / Tundra Swan ■全長 120cm

黄色部の面積は嘴の半分よりも小さい

足は黒い

見分けは嘴の黄色

代表的な冬の渡り鳥。冬鳥として本州に渡来し、北海道では春と秋に一時滞在する旅鳥。越冬地は東北南部から北陸の湖沼に多く、新潟県が最大。越冬地の積雪が多いと南下し、普段は見られない地域にも姿を見せることがある。昼間は水田で落ち籾や草を採食し、夜間は湖沼で眠る。雌雄同色。オオハクチョウ（右頁）より小さいが、並んで比較できないとわかりにくい。見分けの決め手となるのは嘴の黄色い部分の面積で、黄色部は嘴の半分まで。

横向き

地上

冬

1980年代から越冬数が急増

幼鳥

全国的に越冬個体数が急増している。1970年代には2000羽程度だったが、80年代から急増し、現在は数万羽にまでなっている。地球温暖化によって、生存率が上がったことが大きな理由と考えられている。

 鳴き声 コォー コォーとつがいで鳴き交わす

オオハクチョウ ［大白鳥］

カモ目カモ科ハクチョウ属 *Cygnus cygnus* / Whooper Swan ■全長 140cm

黄色部の面積が広く、横から見ると先にむかって尖る

足は黒い

冬の渡り鳥の代表格

全身純白で美しい大型の水鳥。冬鳥として北海道東部から関東にかけての太平洋側の湖沼に渡来し、東北地方が越冬地の中心。湖沼でねぐらをとり、水田よりも水辺で採食する傾向が強い。海ではアマモをよく食べ、越冬地ではマコモや落ち籾(もみ)を食べる。成鳥の雌雄と幼鳥の家族で行動する。春先には雌雄が首を交互に上下させ、大きな声で鳴く求愛ディスプレイが見られる。雌雄同色。コハクチョウ（左頁）より嘴の黄色部の面積が広い。幼鳥は灰色。

東アジアの重要な越冬地

東アジアで越冬する8割が日本に渡来する。気候や食べ物の条件によると考えられている。本種にとって日本は重要な越冬地である。

横向き

地上

冬

鳴き声 コオー コオーと雌雄で鳴き交わす

カモ科

オシドリ ［鴛鴦］

カモ目カモ科オシドリ属　*Aix galericulata* ／ Mandarin Duck　■全長 45cm

白いアイリングがあり、
目の後ろから白線が伸びる

顔に目立つ
白い模様

メス

嘴は
ピンク色

白い斑点模様
がある

オス

銀杏羽と
よばれる飾り羽

ドングリ好きの豪華絢爛な水鳥

豪華絢爛の表現がぴったりの羽色の水鳥。本州中部以北で繁殖し、北海道や東北では冬にいなくなる。西日本では冬鳥で、国外から渡来する個体も多いと考えられている。水辺に近い大木の樹洞で営巣し、営巣環境さえあれば平地林でも繁殖する。越冬は周囲を森に囲まれる湖沼を好む。植物食で、種子を食べ、特にドングリを好んで採食する。オスは銀杏羽と呼ばれる、三列風切が特殊な形になった羽をもつ。メスは全身が灰褐色。

「鴛鴦夫婦」の現実

雌雄がくっついて並ぶ姿から夫婦仲のよいことに例えられるが、実際につがいになっている期間は約半年しかない。

横向き

水上

留
冬

　鳴き声　ウィップ、クァッ

オカヨシガモ ［丘葦鴨］

カモ目カモ科マガモ属　*Anas strepera* / Gadwall　■全長 50cm

褐色のある灰色 / 嘴は黒い / へら状の大きな三列風切 / オス / メス / 上下尾筒が漆黒 / 嘴は橙色で上側が黒っぽい

無彩色も美しい

地味な羽色ながら渋い魅力があるカモ。冬鳥として全国の湖沼や河川に渡来するが、北海道では少数が繁殖し、冬にいなくなる。かつては数が少なかったが近年は増加傾向。水草をよく食べる。オスは全体に茶色っぽく見えるが、少し離れた距離では灰色に見え、上下尾筒の漆黒が目立つ。頭は褐色みのある灰色だが、暗色と淡色に分かれている個体もいる。嘴は黒色。メスはマガモ（p.241）の雌に似ているが、嘴が橙色で上側の黒色部が先端まである。

ときには潜水する

普通は潜水しない水面採食ガモだが、まれに潜水して水底の水草を採ることがある。潜水するときは翼をやや開いて水中に潜る。

横向き

水上

冬

鳴き声　グウェー グウェー

よく似ているカモ（メス）の見分けについてはp.353を参照

カモ科

ヨシガモ ［葦鴨］

カモ目カモ科マガモ属 *Anas falcata* / Falcated Duck ■全長 48cm

嘴が黒い
嘴は黒い
光沢のある緑色
三列風切が鎌状
メス
オス

ユニークな形で光輝く緑の頭

オスは後頭の羽が長く、頭の形がナポレオン帽に例えられるカモ。冬鳥として全国に渡来するが、北海道では少数が繁殖する。湖沼や河川、内湾など淡水から海水まで幅広い環境に生息する。植物食で、種子や水草、海藻などを食べ、まれに潜水する。繁殖羽のオスは、頭が赤紫色と金属光沢の緑色。体には細かいうろこ模様があり、三列風切が鎌状に長く伸びて美しい。メスは全身褐色でオカヨシガモ（p.237）のメスに似ているが黒っぽく見える。嘴は雌雄ともに黒色。

逆立ちして採食

湖沼では水草、海では海藻が大好きで、逆立ちをするようにして首を伸ばし、水底に生える水草をひっぱるように採食する。数羽が逆立ちを繰り返す光景は面白い。

横向き
水上
冬

鳴き声　オス：ヒューイッと笛のような声
　　　　メス：グワグワ

238

ヒドリガモ ［緋鳥鴨］

カモ目カモ科マガモ属　*Anas penelope* / Eurasian Wigeon　■全長 49cm

- 嘴は青灰色で先と下嘴が黒い
- 額はクリーム色
- 嘴は青灰色で先が黒い
- 全身が赤褐色
- オスの成鳥には白い雨覆がみえる
- 胸が赤みのある茶色

オス / メス

おでこがクリーム色のカモ

公園の池で普通に見られるカモ。冬鳥として全国に渡来し、湖沼や池、河川、内湾などの淡水から海水まで様々な水辺で見られる。大きな群れになり、オスは「ピューイ」と聞こえる口笛のような声でよく鳴く。草の葉や水草、海藻、種子などの植物が主食。海苔を食害して問題になることも。オスは頭がレンガ色で、額のクリーム色が目立つ。目の後ろが緑に光る個体もいる。メスは全身が赤褐色で、他種よりも赤みが強く見える。雌雄とも嘴は青灰色で、先が黒い。

草が大好き

上陸して草をよく食べる。嘴はほかのカモよりも短く厚い。これは短い草を効率よくついばんで食べるのに適している。同じような食性のガン類の嘴とよく似ている。

 横向き

 水上

 冬

鳴き声　オス：ピューイと口笛のような声
　　　　　メス：ガーガー

カモ科

アメリカヒドリ ［アメリカ緋鳥］

カモ目カモ科マガモ属 *Anas americana* ／ American Wigeon ■全長 48cm

- 額は白い
- 光沢のある緑色
- 体は赤褐色で、ヒドリガモのような灰色みがない
- 青灰色で先端と付け根が黒い

オス

頭の緑光沢が美しい

横向き

水上

冬

北アメリカに生息するカモだが、冬鳥として全国にごく少数が渡来する。湖沼や河川、海岸、干潟などでヒドリガモ（p.239）の群れに単独で混じっていることが多い。植物食で、水草や種子、海藻などを食べる。オスは頭が褐色で、額は白色。目の後ろから後頭にかけて、光沢のある緑色の太い帯がある。メスはヒドリガモのメスに似るが、茶色みが少なく灰色に見える。雌雄とも嘴は青灰色で、先端と付け根が黒い。ヒドリガモの嘴の付け根は黒くない。

ヒドリガモとの雑種

本種とヒドリガモと中間的な特徴の個体が見られることがあり、雑種と考えられている。極東ロシアにごく少数の繁殖地があって交雑が起きており、交雑個体が日本に渡来している可能性がある。

♪ 鳴き声　オス：ピャー ピャッ
　　　　　メス：クワークワークワ

マガモ ［真鴨］

カモ目カモ科マガモ属　*Anas platyrhynchos* ／ Mallard　■全長 59cm

カモ科

嘴が橙色で
上嘴の中央が
黒い

メス

光沢のある
緑または青

オス

鮮やかな
黄色で
先が黒い

黒い尾羽が上向きに
カールしている

黄色い嘴と緑の頭が美しいカモ

カモ類の代表種。冬鳥として全国に渡来し、湖沼や河川、海岸のほか、公園の池などでも普通に見られる。日本で越冬するカモ類で最も個体数が多い。本州中部や北海道では留鳥で繁殖する。主に種子や水草などを食べる。オスの緑色の頭は、見る角度によって青く見えることもある。嘴は黄色。体は灰色で胸はブドウ色。尾羽の中央2枚が上向きにカールするのがオスの特徴。メスは褐色で、顔には過眼線がある。嘴は橙色で、上嘴の中央が黒い。

青首アヒル

アヒルは本種を家禽化した鳥。青首アヒルと呼ばれる本種そっくりの色彩のアヒル（写真）がいてマガモと誤認されることがあるが、体が大きい。

横向き

水上

冬

留

鳴き声　オス：ピーピー
　　　　メス：グワッグワッ、グェーグェグェ

 よく似ているカモ（メス）の見分けについてはp.353を参照

241

カモ科

カルガモ ［軽鴨］

カモ目カモ科マガモ属 *Anas zonorhyncha* / Eastern Spot-billed Duck ■全長 61cm

過眼線がある

翼鏡は青紫色

嘴は黒く先が黄色

三列風切はへら状で大きい

日本で嘴の先が黄色いカモは本種だけ

横向き

水上

留

東京大手町の道路を横断する親子のニュースで知られたカモ。留鳥として本州以南に分布し、北海道では夏鳥。湖沼や河川、水田などに生息し、都市公園の池でも繁殖する身近な鳥だが、世界的には東アジアのみの分布。冬はマガモ(p.241)などと一緒に大きな群れをつくる。植物食で、種子や草の葉などを食べる。雌雄ほぼ同色、全身が褐色で顔には明瞭な過眼線がある。黒くて先が黄色い嘴が特徴。オスは上下尾筒がメスよりも黒いので並んでいるとわかる。

雑種に注意

一見普通のカルガモだが、頭が緑色の個体や、よく見ると胸に赤みがある個体がいる。これはマガモまたはアヒルとの雑種。俗に「マルガモ」と呼ばれる。

♪ 鳴き声 グワッグワッ、グウェーグウェーグェグェ

ハシビロガモ ［嘴広鴨］

カモ目カモ科マガモ属 *Anas clypeata* / Northern Shoveler ■全長 50cm

- 虹彩は黄色
- 光沢のある濃い緑色
- しゃもじ形の嘴は汚れた橙色
- **メス**
- しゃもじ形の黒い大きな嘴
- **オス**
- 脇腹の赤茶色が目立つ

幅広い嘴を水面につけて泳ぐ

しゃもじのような形の嘴をしたカモ。冬鳥として全国に渡来、北海道では少数が繁殖。湖沼や河川、池などに数羽から十数羽の群れで見られることが多い。珪藻やミジンコなどプランクトンが主食。嘴の中には細かい突起が並び、泳ぎながら水面をさらうように水を取り込み、漉しとった食べ物を食べる。オスの頭は光沢のある濃い緑色で、虹彩は黄色。幅広の嘴は黒い。胸は白く、脇が赤茶色。メスの嘴は橙色で、虹彩は茶褐色。体は明るい褐色で黒褐色の斑がある。

集団ぐるぐる採食法

群れで円を描くように泳ぎ、起こした渦でプランクトンを集めて採食する。渦巻きのように回る光景はなかなかおもしろい。この行動から、古くは「車鴨(くるまがも)」とも呼ばれた。

横向き

水上

冬

鳴き声 オス：コッコッ
メス：クェークェークェクェ

  よく似ているカモ（メス）の見分けについてはp.353を参照

オナガガモ ［尾長鴨］

カモ目カモ科マガモ属 *Anas acuta* / Northern Pintail ■全長 オス75cm メス53cm

- 白い部分が食い込む
- オス
- 尾羽の中央2枚が針のように長い
- 嘴は黒く両側が青灰色
- 白い胸が遠くからよく目立つ

和名も英名もオスの尾羽から

オスが長い尾羽をもつカモ。尾羽の中央2枚が針のように細長い。ほかのカモに比べて首が細長い体型。冬鳥として全国の湖沼、河川、海岸などに渡来し、公園の池でも普通。給餌をよく利用し、ハクチョウ類の餌付け場所に大群で押し寄せる。植物食で、水面に浮いている種子などを食べるほか、逆立ちして水中の藻類や水草なども食す。オスは頭がチョコレート色で、長い首に胸からの白い部分が食い込む。メスは淡褐色で黒褐色のうろこ模様がある。

横向き / 水上 / 冬

シンクロナイズドスイミング採食法

逆立ちするように泳ぎ、長い首を活かして水底にある食べ物を採食するが、雌雄がそろうと、まるでシンクロナイズドスイミングをしているように見え、微笑ましい。

鳴き声　オス：ニィーニ ニィーニ、ピュルピュル
　　　　メス：グエッグエッ

シマアジ [縞味]

カモ目カモ科マガモ属 *Anas querquedula* / Garganey ■全長 38cm

 カモ科

過眼線を挟んで2本の白い線が目立つ

白く太い眉斑が目立つ

メス

オス

肩羽が長く伸びて飾り羽となる

白く太い眉斑が特徴のカモ

魚のような変わった和名は、食べると味がよいことに由来し、「縞模様のある味のよいカモ」という意。旅鳥として春と秋に国内を通過するが、北海道では繁殖し、越冬することもある。湖沼や河川、海岸に生息するが、数は少ない。春はつがいで、秋はコガモ(p.247)の群れに数羽が混じっていることが多い。オスの眉斑は白くて太い。メスはコガモのメスに似るが、顔に2本の白い線があって、遠くからは白っぽくみえる。オスのエクリプスや幼鳥はメスとほぼ同じ。

カモの群れから探し出す

春の渡りでは成鳥つがいを、秋の渡りでは幼鳥を、それぞれ他種のカモの群れの中に見つけることが多い。望遠鏡でじっくりカモの群れを見ていくと、本種を発見できるかも。

 横向き

 水上

 旅

鳴き声 オス：ギリギリギリ
メス：クェクェクェ

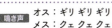 よく似ているカモ(メス)の見分けについてはp.352を参照

カモ科

トモエガモ ［巴鴨］

カモ目カモ科マガモ属 *Anas formosa* / Baikal Teal ● 全長 40cm

口元に丸い白斑がある

メス

黒、クリーム色、緑の巴模様

オス

白い線が目立つ

肩羽が長く伸びて飾り羽となる

顔の巴模様が個性的な小さなカモ

オスの顔が黒、緑、クリームの3色の美しいカモ。その配色が巴模様を連想させ、和名の由来となった。冬鳥として主に本州の湖沼や河川などに渡来し、越冬する。1970年代までは1万羽ほどが渡来していたが、近年では2000羽ほどに減少。昼は水上で休み、夜は水田などで落ち籾(もみ)などを採食する。オスは嘴が黒く、顔の巴模様の緑色には光沢がある。肩から伸びた長い飾り羽が美しい。メスは褐色で、嘴の付け根に小さな丸い白斑がある。

横向き

水上

冬

韓国に多い

極東アジア特産のカモで最大の越冬地はお隣の韓国。総個体数の90％以上が集中するといわれる。非常に大規模な群れになり、数十万羽が黒い雲のようになって飛ぶ光景が見られるという。

♪ 鳴き声 *クワックワッ*

 よく似ているカモ（メス）の見分けについてはp.352を参照

246

コガモ [小鴨]

カモ目カモ科マガモ属 *Anas crecca* / Teal　■全長 38cm

- 頭は栗色で目の後ろに緑の帯
- 黒い嘴
- 白い線がある
- 嘴は黒い
- お尻に黄色い三角形模様

オス / メス

頭が栗色の小さなカモ

和名はカモの子ではなく、小さいカモという意。身近に見られるカモでハト大。冬鳥として全国の湖沼や河川、公園の池などに渡来し、ときには数百羽の大きな群れになる。北海道と北日本ではごく少数が繁殖する。植物食で、種子や水草などを採食する。オスは「ピリッピリッ」と笛のような高い声でよく鳴く。頭は栗色で、目から後頭にかけて太い緑の帯がある。体は灰色で、お尻に黄色い三角模様がある。メスは褐色と黒褐色のうろこ模様。嘴は黒く、付け根が黄色い。

ユニークな求愛ダンス

冬の池は集団見合いの場。1羽のメスを数羽のオスが囲み、首を縮めて立ち上がったり、背中を反らせて黄色い三角模様を見せたりする。

 横向き

 水上

 冬

鳴き声　オス：ピリッ ピリッ
　　　　　メス：ゲェーゲッゲゲ

 よく似ているカモ（メス）の見分けについてはp.352を参照

247

カモ科

ホシハジロ ［星羽白］

カモ目カモ科スズガモ属　*Aythya ferina* ／ Common Pochard　■全長 45cm

- 目の後ろに細い白い線がある
- 頭は赤茶色で三角おにぎり形
- 虹彩は赤い
- 細かい縞模様があるが、遠くからは灰色に見える
- 青灰色の帯がある黒い嘴
- 尾羽の先が水面につく

オス／メス

赤茶色の頭のダイビングダック

羽色が赤、黒、灰色の3色にはっきりと分かれたカモ。冬鳥として全国の湖沼や河川、海岸に生息するが、北海道では少数が繁殖する。公園の池で人がやるパンにオナガガモ(p.244)などといっしょに群がることも多い。潜水が得意で、貝や水生植物を採食する。オスは赤茶色の頭で虹彩が赤い。胸と上下尾筒は黒く、体は遠くからは灰色に見えるが、細かい縞模様がある。メスは頭と胸が茶色で、そのほかは淡い褐色。雌雄ともに嘴は黒く、青灰色の帯がある。

潜水採食ガモ

カモは水面で採食する水面採食ガモと、潜水して採食する潜水採食ガモに分けられる。本種は典型的な潜水採食ガモ。水上の姿勢は体全体が沈みぎみで、尾羽の先端が水面につくように下がる。

横向き

水上

冬

♪　鳴き声　オス：エエーホンーと特徴的な声で鳴く
　　　　　　メス：グェッ　グェッ

キンクロハジロ ［金黒羽白］

カモ目カモ科スズガモ属　*Aythya fuligula* ／ Tufted Duck ● 全長 40cm

カモ科

- 虹彩は黄色
- 灰色で先端が黒
- 長い冠羽
- メス
- 脇腹がこげ茶色
- オス
- 脇腹の白が目立つ

寝ぐせのような冠羽がかわいい

雌雄とも頭に寝癖のような冠羽があるカモ。冬鳥として全国の湖沼や河川に渡来する。北海道では少数が繁殖。都市公園の池にも普通にいる身近なカモ。海にいることもあるが、類似種のスズガモ（p.289）の群れに混じることはあまりない。潜水して貝や水草などを食べる。オスは白と黒のツートーンカラーで長い冠羽が目立つ。メスは全身がこげ茶色。スズガモのメスに似て、嘴の付け根が白い個体もいる。雌雄とも虹彩が黄色、嘴は青灰色で先が黒い。

ハジロってなに？

本種をはじめハジロと名がつくカモが数種いるが、これは広げた翼に白い帯が出る特徴にちなむ。本種の和名は、目が金色で体が全体に黒く、白い羽が入るという意味である。

横向き

水上

冬

鳴き声　オス：ピュルルル、ピュルルルゥ
　　　　メス：ギュルルル、グルルル

 本種（メス）と似ているスズガモ（メス）との見分けについてはp.354を参照

カモ科

ホオジロガモ ［頬白鴨］

カモ目カモ科ホオジロガモ属 *Bucephala clangula* / Common Goldeneye ■全長 45cm

- 三角おにぎり形の頭は光沢がある緑。青く見えるときもある
- 虹彩は黄色
- 遠くからジグザグ模様に見える
- 特徴ある頬の丸い白斑
- オス
- メス 幼鳥

ほっぺの白い丸がキュート

頭の形が三角おにぎりのようなカモ。冬鳥として九州以北に渡来する。海岸や内湾などの海で見ることが多いが、広い湖沼や河口などでも見られる。頻繁に潜水し、貝や甲殻類などの水生生物を捕食する。オスの頭は光沢のある緑色だが、角度によっては青く見える。頬の丸い白斑が和名の由来。体は白と黒で、肩羽は白地に黒い線があり、ジグザグ模様に見える。メスは頭が暗褐色で、体は灰色。黒い嘴の先に黄色い斑がある。

横向き / 水上 / 冬

おもしろい求愛行動

オスは頭を後ろにのけぞらせ、天を見上げるような動きでメスに求愛する。そのときに「ギュッギー」と不思議な声を発する。寒さが厳しいときには、オスが鳴くときに吐く息が白く見えることがある。

鳴き声　オス：ギュッギー ギュッギーときしむような声で求愛する
　　　　メス：フフフフフフ…

250

ミコアイサ [神子秋沙]

カモ目カモ科ミコアイサ属 *Mergellus albellus* / Smew ■全長 42cm

カモ科

冠羽
頭が栗色で頬が白い
メス
オス
パンダの顔のような黒い模様
体に2本の黒線

「パンダガモ」と呼ばれる白と黒の美しいカモ

全体に白く、目の周囲が黒いことから「パンダガモ」の愛称で人気があるカモ。冬鳥として九州以北に渡来し、北海道北部では少数が繁殖する。湖沼や河川、池などの淡水環境を好む傾向がある。あまり大きな群れにはならず、つがいか数羽の群れのことが多い。頻繁に潜水を繰り返し、甲殻類などの水生生物を捕食する。オスは体が白く、目の周りと後頭、背が黒い。頭には冠羽がある。メスは頭が栗色で、頬から首が白くくりぬいたように目立つ。体は灰色。

公園の池に入ったらチャンス

比較的に警戒心が強く、大きな湖のはるか沖合にいることが多い。しかし、公園の池にも姿を現すことがあるので、じっくりと観察したい。

 横向き

 水上

 冬

| 鳴き声 | オス：グルルル
メス：グルルル |

251

カワアイサ ［川秋沙］

カモ目カモ科ウミアイサ属 *Mergus merganser* / Common Merganser ■全長 65cm

- 光沢のある濃い緑色だが、写真のように黒く見えることもある
- 頭の赤褐色と胸の白がはっきりと色分けされている
- 後頭は尖る
- 長く赤い嘴は先端がカギ状

メス

オス

魚を食べる大きなカモ

細くて先端が曲がった、カモらしくない嘴をしたカモ。日本に渡来するカモでは最大級。九州以北に冬鳥として渡来するが、北海道では留鳥。大きな湖や河川、河口などの淡水環境に生息するが、海岸近くや漁港にいることもある。魚が主食で、長野県の諏訪湖では大群がワカサギを捕食し、問題になっている。オスは緑の頭と先が曲がった赤い嘴が目立つ。体は白いが、個体によっては淡いピンク色に染まっているものも。メスは頭がレンガ色で冠羽がある。

ひなを連れて行列

初夏の北海道・道東を訪れると、たくさんのひなを連れて泳ぐ光景に出会うことがある。ひなの数は10羽を超えることもあり、ぞろぞろ連なって泳ぐ姿は微笑ましい。

横向き

水上

冬

鳴き声　オス：ゴゴゴゴなどと小さな声で鳴く
　　　　メス：グワグワ

カイツブリ ［鳰］

カイツブリ目カイツブリ科カイツブリ属　*Tachybaptus ruficollis* ／ Little Grebe　■全長 26cm

- 虹彩は黄色
- 頬から首が赤褐色
- 嘴の付け根に黄白色の斑
- お尻は尾羽が見えず、ふわふわした感じ
- 夏羽

小さな潜水名人

都市公園の池にもいる身近な水鳥。留鳥として本州中部以南に分布し、東北以北では夏鳥。河川や湖沼、公園の池などに生息し、ヨシなどに落ち葉や水草をからめて固定した浮き巣をつくり繁殖する。足が体の後方にある、水中行動に適した体で潜水を繰り返し、小魚やエビを捕食する。夏羽は全身が黒褐色で、頬から首が赤褐色。嘴は黒く、付け根に黄白色の斑がある。虹彩は黄色。冬羽は淡い褐色。真冬でも夏羽の個体を見ることがある。

親の背中に避難

ひなは自分で泳ぐこともできるが、危険を察知すると親の背中に潜り込み避難する。都市公園の池でもひなを乗せて泳ぐ微笑ましい姿を見ることができる。

横向き

水上

| 鳴き声 | キリキリリリリリリ、ピッ ピッと鋭い声で鳴く |

カイツブリ科

アカエリカイツブリ ［赤襟鳰］

カイツブリ目カイツブリ科カンムリカイツブリ属　*Podiceps grisegena* ／ Red-necked Grebe　■全長 47cm

- 頬の灰色が目立つ
- 首は赤褐色でとても長い

夏羽

夏は湖、冬は海の鳥

首が赤茶色の大型カイツブリ類。夏は北海道の湖沼で繁殖し、冬は本州以南の海上や河口などで越冬する。冬は内陸の湖に飛来することもあるが、数は多くない。潜水して水生生物を捕食する。雌雄同色。夏と冬で羽色が大きく変化し、夏羽は頭頂が黒く、頬が灰白色で首が赤茶色。首の色が和名の由来だが、頬の灰白色の方が目立つ。冬羽は全身が灰色。類似種のカンムリカイツブリ（右頁）は大きくて目先が黒く、顔から首が白い。アビ類は大きくて首が短い。

美しい夏羽を見るには

首が赤い夏羽を見るには、繁殖地の北海道に行かなければならない。ヒツジ草が浮かぶ静かな沼で見る夏羽の本種は実に美しく、冬の地味な姿とはまったく別の鳥のようだ。

横向き

水上

冬
夏

♪ さえずり　アーキリキリキリなどと求愛時に雌雄で鳴く
　 地鳴き　　カッ カッ と小さな声で鳴く

カンムリカイツブリ ［冠鳰］

カイツブリ目カイツブリ科カンムリカイツブリ属　*Podiceps cristatus* / Great Crested Grebe　■全長 56cm

- 冠羽
- 嘴はピンク色
- 首が長い
- 顔から前頸が白く、遠くからでも目立つ
- 冬羽

夏羽は金色の飾り羽がゴージャス

日本最大のカイツブリ類。冬鳥として九州以北の海や大きな湖沼に渡来し、滋賀県の琵琶湖や東北などでは繁殖する。かつてはまれな鳥だったが、近年は越冬数が増加傾向にあり、東京湾では数千羽の大群も見られる。頻繁に潜水を繰り返し、魚や水生生物を捕食する。雌雄同色。冬羽は頭に短く黒い冠羽があり、顔から首が白く目立つ。嘴はピンク色で目先は黒い。体は黒褐色。夏羽は頬に金色の飾り羽があり、頭の黒い冠羽が長く伸びて美しい。

あちこちで繁殖を始める

夏羽

1971年に青森県で初めて繁殖し、その後、琵琶湖や秋田県、茨城県、北海道などの各地で繁殖が相次いで見つかっている。

横向き

水上

冬

留

さえずり　ガラララララ、クォールルル
地鳴き　ケケケ（警戒）

| カイツブリ科 |

ハジロカイツブリ [羽白鳰]

カイツブリ目カイツブリ科カンムリカイツブリ属　*Podiceps nigricollis* ／ Black-necked Grebe　■全長 31cm

- 虹彩は赤い
- 頭の黒褐色が目の下まで覆っている
- やや上に反る
- 冬羽

冬と夏では姿がまったく違う

冬は灰色で、夏は黒いカイツブリ。冬鳥として全国の湖沼や内湾に渡来、狭い池にはあまり現れない。全長はカイツブリよりも大きいが、野外で見ると大きさはあまり変わらない。飛ぶと翼の次列風切が白く目立つ。これが和名の由来。頻繁に潜水を繰り返し、小魚やエビなどを捕食する。雌雄同色。冬羽は全身が濃い灰色で、頬が白い。虹彩は赤く、嘴はやや上に反っている。夏羽は頭から体上面が真っ黒で脇が赤茶色。目の後ろには金色の美しい飾り羽が伸びる。

横向き／水上／冬

春先に夏羽を見よう

夏羽

冬羽を見る機会が多いが、春先には真っ黒な夏羽を見ることができる。夏羽の鳥たちが密集した群れで潜水を繰り返す光景は圧巻。

♪　鳴き声　ピェッ ピェッ

本種と似ているミミカイツブリ（冬羽）との見分けについてはp.354を参照

カワウ ［川鵜］

カツオドリ目ウ科ウ属　*Phalacrocorax carbo* / Great Cormorant　●全長 82cm

ウ科

- 虹彩はエメラルド色
- 白色部は目より上に広がらない
- 頭頂から首にかけて白くなる
- 繁殖羽
- 白い斑

黒い魚捕りの名人

黒くて大きな水鳥。北海道から沖縄まで全国に分布する。北海道では夏鳥、九州南部以南では冬鳥。そのほかでは留鳥。1970年代までは絶滅が心配されるほど減ったが、水質改善に伴い、食べ物の魚が増えたため、現在は個体数が増加。河川や湖沼、内湾に生息し、岸近くの樹木などに集団営巣する。抜群の潜水能力で水中の魚を捕食。雌雄同色で全身が黒く、繁殖期には首や足の付け根が白くなる。顔の白い部分は目の下まで。幼鳥は褐色で腹が白い。

翼を乾かす

とまって翼を広げている光景をよく目にする。これは濡れた羽を乾かすため。潜水しやすいように羽の油分が少ないので、ときどき乾かす必要がある。

立つ

水上

留

鳴き声　グルルルル、グワー

 本種と似ているウミウとの見分けについてはp.355を参照　　257

サギ科

サンカノゴイ ［山家五位］

ペリカン目サギ科サンカノゴイ属 *Botaurus stellaris* / Eurasian Bittern　■全長 70cm

- 黄褐色と黒褐色の複雑な模様
- 太い顎線
- 正面から見ると喉から腹にかけて1本の褐色の線が走る
- 黄緑色の太い足

なんとも奇妙な大きなサギ

全身が黄褐色と黒褐色のまだら模様で、姿や動きが爬虫類を思わせる奇妙なサギ。冬鳥として全国に渡来するが、北海道と本州の一部では繁殖する。繁殖個体は北海道では冬に見られなくなるが、本州では留まる。ヨシ原に生息し、日中は中に潜んでいるが、早朝や夕方には採食のために水田などに出てきて、カエルや魚などを捕食する。雌雄同色。顔には太い顎線があり、喉には1本の線がある。危険を察知すると首を伸ばして静止し、ヨシに擬態する。

鳥とは思えない声で鳴く

繁殖期には、鳥とは思えない「ボォー ボォー」と低く響く大きな声で鳴く。息を吸い込み溜まったところで一気に吐き出してこの音を発声させる。この声で本種の存在を知ることが多い。

立つ

地上

冬 留

♪　鳴き声　ボォー ボォー

258

ヨシゴイ ［葦五位］

ペリカン目サギ科ヨシゴイ属　*Ixobrychus sinensis* ／ Yellow Bittern　■全長 36cm

頭頂は青灰色
体上面は一様な赤褐色
5本の赤褐色の縦斑
メス
オス

草になりきって姿を消す

ヒメガマなどの湿性植物が茂る湖沼に生息するサギ。日本のサギでは最小。夏鳥として、九州以北に渡来する。危険を感じると首を真っすぐ上に伸ばし、草になりきって敵の目をあざむく技をもつ。生息地ではヨシ原の上を頻繁に飛び回る姿もよく見られ、採食は草の茎につかまって水中の魚やカエルなどを捕食する。オスは頭頂が青灰色で、体は赤褐色。虹彩と足が黄色い。メスは全身が赤褐色で、首から腹にかけて5本の縦斑がある。

独特のとまり方

ヨシ原での生活に適応し、足も指も長い。器用に茎をつかみながら草を渡り歩いて巧みに移動する。足を広げてヨシやヒメガマの茎にとまる姿はユーモラス。

立つ

水上

夏

鳴き声 オー オーなどと繁殖期に鳴く

サギ科

ゴイサギ ［五位鷺］

ペリカン目サギ科ゴイサギ属　*Nycticorax nycticorax* ／ Black-crowned Night Heron　■全長 58cm

- 虹彩は赤い
- 頭頂は濃い青灰色
- 黒く太い嘴
- 白い2本の長い冠羽
- 足は黄色

首をなかなか伸ばさない

首を縮めた体型からか、鳥をあまり知らない人からペンギンと間違えられるサギ。留鳥として本州以南に分布し、北海道では少数が夏鳥として渡来する。夜行性で、日中はやぶなどで休み、夜間に川などで魚を捕食するが、繁殖期は日中でも普通に採食する。夜、「クワッ」と独特な声で鳴きながら飛行し、街中でも夜空から本種の鳴き声が聞こえることがある。雌雄同色。頭頂から体上面は青灰色で、頭から2本の白く長い冠羽が伸びている。虹彩は赤く、足は黄色い。

立つ

地上

留

ホシゴイ

幼鳥

幼鳥は全身が暗褐色で白い斑点が密にあり「ホシゴイ」の俗称で呼ばれる。成鳥とはまったく違った羽色なので、別種だと思われることも少なくない。

♪ 鳴き声　*クワッ クワッ*

260

ササゴイ ［笹五位］

ペリカン目サギ科ササゴイ属 *Butorides striata* / Striated Heron ■全長 52cm

サギ科

- 虹彩は黄色
- 紺色の長い冠羽
- 笹の葉を思わせる模様
- 足は黄色

翼が笹の葉模様のサギ

翼の白い線模様が笹の葉を連想することから和名がついた。夏鳥として九州以北に渡来する。北海道では少ないとされるが、道南では観察されている。九州南部では少数が越冬し、南西諸島では冬鳥。河川や湖沼に生息。流れの中の石や堰などで待ち伏せし、鋭く長い嘴を使って魚を捕食する。雌雄同色。全身が青灰色で、頭頂から後頭にかけて紺色。冠羽がある。目の下には紺色の髭のような線がある。虹彩と足は黄色。ただし繁殖期に足が赤くなる個体もいる。

ルアーフィッシングをする

熊本県や鹿児島県では、小枝や羽毛を水面に投げ入れ、餌と勘違いして近づいた魚を捕らえる行動が観察されている。昆虫を使った餌釣りもする。

立つ

地上

夏

鳴き声 キューと甲高い声

サギ科

アオサギ [蒼鷺]

ペリカン目サギ科アオサギ属 *Ardea cinerea* / Grey Heron ■全長 93cm

- 先が尖った嘴は黄色で太くがっしりしている
- 濃紺の長い冠羽がある
- 体は青灰色
- 首に一筋の濃紺線がはしる

大きな灰色のサギ

身近な鳥の中では最大級のサギ。留鳥として全国に分布するが、北海道では夏鳥、南西諸島では冬鳥。河川や湖沼、内湾など様々な水辺にすみ、都市公園の池でも普通に見られる。動物食で、鋭く尖った頑丈な嘴で大きな魚を突き刺して捕ることもある。ウシガエルやネズミ、鳥のひななども食べる。雌雄同色。全身が青灰色で顔は白。額から後頭には濃紺の線があり、繁殖期に伸びる長い冠羽につながる。幼鳥は成鳥の羽色を淡くしたようで、ぼやっとしている。

立つ / 地上 / 留

近年著しく増加中

近年、急速に分布を拡大しており、街中でも空を飛ぶ姿をよく見かける。水質が改善したことにより獲物の魚類が増加し、個体数増加の追い風になったといわれる。

 鳴き声 ゴワァーとしわがれた声で叫ぶように鳴く

ムラサキサギ [紫鷺]

ペリカン目サギ科アオサギ属　*Ardea purpurea* / Purple Heron　■全長 79cm

サギ科

- 嘴は長く先が尖る
- 頭頂から濃紺の冠羽が伸びる
- 青紫色の縦線
- 飾り羽

首がひょろ長い独特な体型のサギ

和名も学名も英名も紫色のサギという意で、首にある青紫色の縦線が名前の由来。首がとても細長い。八重山諸島に留鳥として分布するが、九州以北に現れることも。湖沼や水田、マングローブ林、ヨシ原など幅広い水辺環境に生息し、魚類や両生類、爬虫類などいろいろな獲物を捕食する。雌雄同色で、顔から首は赤褐色、長い首に沿うように青紫色の縦線がある。後頭には2本の冠羽が伸びる。幼鳥は全身が褐色で、首には細かい縦斑がある。

亜熱帯の鳥だが北海道でも

南の鳥のイメージがあるが、国外ではアムール川流域の湿地にまで分布する。そのため渡りの時期には、北海道にもまれに飛来することがある。

立つ

地上

留

鳴き声　グワァー

ダイサギ［大鷺］

ペリカン目サギ科アオサギ属 *Ardea alba* / Great Egret　■全長 80〜90cm

- 口角は目の後方まで切れ込む
- 嘴は冬羽では黄色、夏羽では黒くなる
- 首がとても長い

冬羽
亜種ダイサギ

日本最大のシラサギ類

俗にシラサギと呼ばれる3種で最大。冬鳥として全国に渡来する亜種ダイサギと、留鳥として本州と四国、九州で繁殖する亜種チュウダイサギの2亜種が生息する。北海道ではまれな夏鳥だったが、近年は観察例が増えており、越冬も見られる。河川や湖沼、水田、干潟など幅広い水辺環境に生息し、魚やカエルなどを捕食する。雌雄同色。嘴が長く、口角は目の後方まで切れ込んでいるため、口が大きく開き、大きな食べものを丸飲みできる。

2亜種の見分け

両亜種は酷似するが、亜種ダイサギの方が大きく、首が長く感じる。亜種ダイサギは足の一部が黄色っぽいが、亜種チュウダイサギ(写真)は黒い。

立つ

地上

留

冬

♪　鳴き声　ゴワァーなどとしわがれた声で威嚇する

264　よく似ているシラサギ類3種の見分けについてはp.356〜357を参照

コサギ ［小鷺］

ペリカン目サギ科コサギ属　*Egretta garzetta* / Little Egret　■全長 61 cm

- 繁殖期には冠羽がある
- 黒く細長い
- 足は黒く、足指が黄色

小魚捕りの名人

最も普通に見られるシラサギ。留鳥として本州と四国、九州で繁殖する。北海道ではまれな夏鳥で、南西諸島では冬鳥。河川や湖沼、水田などの湿地に生息し、細く長い嘴で魚や甲殻類、カエルなどを捕食する。いわゆる「サギ山」で、ほかのシラサギ類と一緒に集団繁殖する。雌雄同色で全身が白く、嘴は細長く黒い。目先は黄色。足は黒く、指だけが黄色い。繁殖期には頭に長い冠羽が伸び、胸や背中にレース状の飾り羽があるが、冬はなくなる。

足ぶるぶる採食法

水中で足を小刻みに動かし、隠れている魚を追い出して捕らえる。長い首はバネのように働き、水中の魚を電光石火の早技で捕ることができる。

立つ

地上

留

鳴き声　ガアー（威嚇声）

よく似ているシラサギ類3種の見分けについてはp.356〜357を参照

ヘラサギ [箆鷺]

トキ科

ペリカン目トキ科ヘラサギ属 *Platalea leucorodia* / Eurasian Spoonbill ■全長 83cm

目の周りが黒くなく、目がはっきりとわかる

成鳥

嘴は黒く先端が黄色

嘴は黄褐色

幼鳥

ヘラというよりも長いしゃもじ

ご飯をよそう、しゃもじのような嘴をした大きな鳥。シラサギに似ているが、トキのなかまで、首を伸ばして飛ぶなど、首を縮めて飛ぶサギ類との違いがある。冬鳥として九州にごく少数が渡来するが、全国に記録がある。河口や湖沼、干潟や農耕地などに、普通は単独か数羽で生息する。嘴を少し開けて水中に差し込み、頭を左右に振って、魚や甲殻類を捕食する。雌雄同色。冬羽は全身が白く、嘴は黒いが、先が黄色。幼鳥は嘴が黄褐色。

立つ

地上

冬

夏羽が見たい

夏羽

日本で見る本種は幼鳥や若鳥、成鳥でも冬羽のことがほとんど。成鳥は夏羽になると胸がレモン色となり、黄金色の冠羽が伸びて美しくなる。

♪ 鳴き声 プウなどと鳴くが日本で越冬する時期は鳴かない

クロツラヘラサギ ［黒面箆鷺］

ペリカン目トキ科ヘラサギ属　*Platalea minor* ／ Black-faced Spoonbill　■全長 77cm

目先が黒く、遠くから目の位置がよくわからない

冬羽

黒いマスクの世界的希少種

東アジアの極めてごく狭い範囲にのみ分布する世界的な希少種。全世界の個体数は2017年の調査時点で約4000羽。繁殖地は朝鮮半島西海岸にある数カ所の無人島で、日本には越冬のため渡来。九州では定期的に河川や湖沼、干潟などで越冬する。渡来記録は増加傾向にある。浅瀬で嘴を水に差し込んで左右に振る採食方法はヘラサギ（左頁）と同様。雌雄同色。長いしゃもじ形の嘴をもち、目先は黒い。夏羽は胸と冠羽が黄みを帯びる。

嘴を左右に振る

嘴を開いて水中に突っ込んで頭を左右に振る採食法はユニーク。たまたま口の中に入った獲物があれば捕まえられる。

立つ

地上

冬

鳴き声　ウプー

クイナ科

クイナ [水鶏]

ツル目クイナ科クイナ属　*Rallus aquaticus* / Water Rail　■全長 29cm

褐色の地に黒い縦斑

顔は灰色で褐色の過眼線

白黒の縞模様

赤い下嘴がよく目立つ

なかなか見えない鳥

水辺の草むらに隠れていて、なかなか全身を見せてくれない。北海道や東北では夏鳥として繁殖し、それ以南では冬鳥とされるが、関東などでは繁殖例もある。河川や湖沼など水辺に生息し、ときどき浅瀬に出て魚や水生生物、種子などを採食する。警戒心が強く、すぐに草むらに逃げ込むので、姿をじっくり見られない。「クイッ クイッ」などと甲高い声のほか、鳴き声にバリエーションがある。雌雄同色で、褐色の全身に黒い縦斑がある。嘴の下側が赤い。

横向き / 地上 / 冬 / 夏

なかなか飛ばない

ずっと歩いていて、飛ぶところは滅多に見られない。渡りをするので飛べないことはないのだが、あまり得意ではないのかもしれない。飛ぶ姿を観察できたら幸運だ。

♪ 鳴き声　クイッ クイッ、キョッ キョッ、キュッなど

268

ヒクイナ ［緋水鶏］

ツル目クイナ科ヒメクイナ属 *Porzana fusca* / Ruddy-breasted Crake ■全長 23cm

クイナ科

- 虹彩は深紅
- 顔から胸が赤褐色
- 足が燃えるように赤い
- 腹から下尾筒は白黒の縞模様

水辺の草むらに潜む炎の鳥

頭から腹にかけて赤いクイナ。大きさはムクドリくらい。九州以北に渡来する夏鳥とされてきたが、近年、関東以南では越冬するものがいる。南西諸島には別亜種のリュウキュウヒクイナが留鳥として分布。河川や湖沼のヨシ原や水田に生息する。普段は草の中にいるが、ときどき浅瀬に出て、昆虫や甲殻類などを歩きながら採食する。「コッコッココココ...」と次第に早口になる特徴的な声で鳴く。雌雄同色で、体上面は褐色で下面は赤褐色。虹彩は赤い。

夏水鶏と冬水鶏

本種は夏鳥なので「夏水鶏」、冬鳥のクイナ（左頁）は「冬水鶏」と呼ばれてきたが、近年は本種の越冬が珍しくなく、この呼び名は合わない。

横向き

地上

夏 冬

- さえずり コッコッコココココ… とだんだん早口になり最後は尻下がり
- 地鳴き キョン キョン、プルル

クイナ科

バン ［鷭］

ツル目クイナ科バン属 *Gallinula chloropus* ／ Common Moorhen　■全長 32cm

嘴と額板が赤く
先端は黄色

下尾筒は
白く目立つ

長い足は
黄緑色

田の番をする鳥

都市公園の池でも普通に見られるクイナ類。北日本では夏鳥、関東以南では留鳥として分布する。河川や湖沼、水田などの水辺に生息し、和名は田の番をする鳥という意。水際や浅瀬を歩きながら、昆虫や水生生物などを採食する。水に入り泳ぎ、首を前後に振って進む。これは移動しつつ、周囲をよく見るため。雌雄同色。額板から嘴は赤く、先が黄色。頭から体下面は紫がかった黒で、体上面は暗褐色。足は太くて長く、黄緑。幼鳥は淡褐色で顔が白い。

横向き

地上

留

お尻の白は警戒の印

危険を察知すると尾羽を立てて、上下にピッピッと振る動作を行う。このとき下尾筒の両脇にある白い羽毛をふくらませて目立たせる。

 鳴き声　クルルー

270

オオバン ［大鷭］

ツル目クイナ科オオバン属 *Fulica atra* / Eurasian Coot ■全長 39cm

クイナ科

- 額板と嘴が真っ白
- 虹彩は赤い
- 体は黒く丸い

嘴と額が白くて黒い水鳥

額板の白が目立つ黒いクイナ類。かつて関東では留鳥、東北・北海道では夏鳥、九州と四国では冬鳥とされたが、繁殖地と越冬地ともに分布が拡大し、ほぼ全国の水辺で見られる。冬は国外から飛来したと思われる個体も加わり、例えば滋賀県の琵琶湖では数万羽が越冬する。植物の葉が主食で、潜水して水草を食べたり、陸に上がって草の葉を採食したりする。雌雄同色で全身が黒く、嘴と額板が白い。虹彩は赤。弁足と呼ばれるひれ状の足をもち、巧みに潜水する。

潜るにも歩くにも便利

オオバン属はクイナ科の中で最も泳ぐのが得意。弁足と呼ばれる、ひれがついたで足で潜水して水草を食べる。弁足は指と指が離れているので地上を歩くのにも支障がない。

 横向き

 水上

 留

 冬

鳴き声 キョン キョン、クル クル

チドリ科
イカルチドリ ［桑鳲千鳥］

チドリ目チドリ科チドリ属 *Charadrius placidus* / Long-billed Plover ■全長 21cm

- アイリングは目立たない
- 嘴は黒く長め
- 黒い首輪状の帯
- 冬羽
- 足は黄色で長い

河原にすむチドリ

川の中流部にいるチドリ。留鳥として本州、四国、九州に分布し、北海道では夏鳥。川の中流域の石が転がる川原に生息し、繁殖する。冬は川原の泥がある所や水田でも見られる。動物食で、水際を歩きながら水生昆虫などを見つけると、急ぎ足で駆け寄って捕食する。関東では2月下旬から繁殖行動が始まり、縄張り防衛のために鳴きながら飛び回る。雌雄同色で、夏羽は頭から体上面が褐色で下面は白い。頭頂前部には黒い線があり、不明瞭なアイリングがある。

やや立つ / 地上 / 留

コチドリとの見分け

コチドリ（右頁）を大きくしたようで、基本的な色彩は似ているが、本種の方が色が淡く、コチドリにあるはっきりしたアイリングはない。嘴も長め。

さえずり フィフィフィ
地鳴き ピュー、ピピピピ（警戒声）

コチドリ [小千鳥]

チドリ目チドリ科チドリ属　*Charadrius dubius* / Little Ringed Plover　■全長 16cm

- 額の黒線と頭頂の褐色の境が白い
- 黄色いはっきりとしたアイリング
- 黒く短い嘴
- 夏羽
- 足は黄色

黄色いアイリングがキュートなチドリ

日本でいちばん小さなチドリ類。夏鳥として九州以北に渡来する。本州中部以南では越冬するものも。南西諸島では冬鳥。河川や水田などの、主に淡水の水辺に生息するが、埋め立て地や街中の空き地などでも営巣する。4月頃には縄張り防衛のため、営巣地の上を鳴きながら飛び回る。歩きながら昆虫を採食する。雌雄同色。夏羽は体上面が褐色で、下面は白。首輪のような黒い線がある。黄色いアイリングが目立つが、冬羽ではアイリングが不明瞭。

卵の配置

卵は必ずクローバーの葉のように配置される。これを人為的に乱しても、必ずこの配置に戻す。この並べ方は最もコンパクトになるため、小さな体でも抱卵できる。

 横向き

 地上

 夏

さえずり	ピィユー ピィユー ピピピピ
地鳴き	ピュピュピュピュピュ

セイタカシギ ［背高鷸］

チドリ目セイタカシギ科セイタカシギ属 *Himantopus himantopus* / Black-winged Stilt ■全長 37cm

頭が黒いものもいれば、写真のように真っ白な個体もいて個体差が激しい

針のように細く長い嘴

オス

長く赤い足はとても目立つ

不釣り合いなくらい足が長いシギ

名前の通り、まさに足が長く、背が高いシギ。かつてはごくまれな旅鳥だったが、現在は全国に渡来し、珍しくなくなった。東京湾や三河湾周辺では留鳥として繁殖している。干潟や河口、水田、ハス田、池などの幅広い水辺環境に生息し、針のような細長い嘴で、魚類や水生生物を捕食する。雌雄ほぼ同色。オスの夏羽は頭と体上面が黒く、ほかは白色。嘴は黒。足は赤く、とても長い。メスは体上面が褐色。オスの頭と首の黒色には個体差がある。

横向き

地上

留
旅

足を折り曲げて抱卵

水深があるところでも歩ける長い足だが、巣に座って卵を抱くときは少しじゃま。窮屈そうに折りたたんで巣に座る姿がなんとも微笑ましい。

♪ 鳴き声 キッキッキッキッと鋭い声で鳴く

アオシギ［青鷸］

チドリ目シギ科タシギ属　*Gallinago solitaria* ／ Solitary Snipe　■全長 31cm

白線が目立つ

この白線が
遠くから見ると
ジグザクに見える

渓流にすむ、ずんぐりしたシギ

シギ類としては珍しく、渓流に生息するジシギ類。冬鳥として全国に渡来するが、数は少ない。山間部の渓流や湿地に生息するケースが多いが、平地の三面張り護岸の河川や湿地にいることもある。浅瀬を歩きながら、水生昆虫を捕食する。危険を感じるとじっと伏せて動かなくなる。雌雄同色。嘴は細く長い。体は赤褐色と黒の複雑なまだら模様で、周囲の色に溶け込むカムフラージュ効果がある。体上面に2本の白線があり、1本はジグザグした感じに見える。

なんとなく青い

見た印象は青い鳥ではないが、白色部分が青みがかっているように見えるのが和名の由来だという。学名も英名も単独のジシギという意味で、1羽でいることが多いことにちなむ。

横向き

地上

冬

鳴き声　ジェッ ジェッと大きな声を発し飛んで逃げる

オグロシギ ［尾黒鷸］

チドリ目シギ科オグロシギ属 *Limosa limosa* / Black-tailed Godwit ■全長 39cm

- 嘴が真っすぐで長い
- 頭から胸がレンガ色
- 夏羽

レンガ色の夏羽が美しい

比較的大きなシギで、長く真っすぐな嘴をもつ。旅鳥として春と秋に全国に渡来するが、秋は幼鳥が多く、群れで見られることがある。干潟にも入るが、水田やハス田などの淡水湿地で見ることが多い。水に入り、長い嘴で泥の中からドジョウやタニシなどを捕食する。雌雄同色。夏羽は顔から胸、背中にかけて鮮やかなレンガ色で美しい。冬羽は全身が灰褐色。幼鳥は翼の羽縁が淡色でうろこ模様に見える。類似種のオオソリハシシギ(p.314)は嘴が上に反っている。

横向き / 地上 / 旅

尾羽の黒い線

白い尾羽に黒い帯があるのが、和名の由来。普段はたたんでいて見えないが、伸びをしたときや飛んだときに見える。

♪ 鳴き声 キュキュキュ

イソシギ ［磯鷸］

チドリ目シギ科イソシギ属　*Actitis hypoleucos* / Common Sandpiper　■全長 20cm

シギ科

- 白いアイリング
- 褐色または灰色に見えることも
- 夏羽
- 白がくい込む

すみかは磯だけじゃない

平地の小河川でも普通に見られる身近なシギ。留鳥として奄美諸島以北に分布するが、北日本では冬にいなくなる。渡り鳥が多いシギ類だが、本種は日本の河川で繁殖する。冬は河川のほか、海岸や磯でも見られる。尾羽を上下に動かしながら水辺を歩き、水生昆虫などを捕食する。雌雄同色で、頭と体上面は褐色で細かい黒斑がある。顔には白い眉斑があり、白いアイリングが目立つ。体下面は白く、胸の脇に白がくい込むのが特徴。

変わった飛び方

河原を「チーリーリー」と鋭く鳴きながらよく飛び、翼をやや下げながら先を小刻みに震わせるように羽ばたく。

 横向き

 地上

 留

鳴き声 チーリーリー

レンカク科

レンカク ［蓮角］

チドリ目レンカク科レンカク属 *Hydrophasianus chirurgus* / Pheasant-tailed Jacana ■全長 55cm

後頸は金色
尾羽が非常に長い
夏羽
長い足指

浮葉の上を歩く美しい鳥

びっくりするくらい足指が長い鳥。長い指は体重を分散させ、ハスなどの浮葉の上を沈まずに器用に歩くことができる。旅鳥または冬鳥として本州以南に渡来するが少ない。ハス田やヒシが水面を覆う池などの、淡水の水辺に生息。歩きながら、植物の葉や根のほか、魚類や昆虫なども捕食する。夏羽は顔が白く、後頸が金色。体はこげ茶色で翼は白く、尾羽が長い。冬羽は尾羽が短く、全身が褐色、目から首を通って胸まで黒い線が伸びる。若鳥も冬羽とほぼ同じ。

一生を浮葉の上で暮らす

浮葉とともに生きる鳥。一生のほとんどを浮葉の上でくらし、草を使って浮巣をつくる。ひなも生まれたときから足指が長く、親と同じように葉の上を歩くことができる。

横向き
水上
旅
冬

鳴き声　ミューオン ミューオン、ミュー ミュー

クロハラアジサシ ［黒腹鯵刺］

チドリ目カモメ科クロハラアジサシ属 *Chlidonias hybrida* / Whiskered Tern ■全長 36cm

カモメ科

夏羽
頭は帽子を
かぶったような黒
嘴は赤
腹が黒い

淡水域に現れるアジサシ

アジサシ類は海で見ることが多いが、本種は内陸の湖や沼で見ることが普通。中国東北部や極東ロシアなどの湿原で繁殖し、春と秋の渡りの途中に日本を通過する旅鳥。本州では越冬することも。南西諸島では比較的よく観察される。本州では夏羽を見ることはまれで、秋に冬羽や幼鳥に出会うことが多い。水生昆虫や羽アリなどを食べる。雌雄同色。夏羽は頭頂が黒く、顔は白い。嘴が赤く、体は灰色で腹が黒くなる。冬羽は頭がごま塩状になり、嘴が黒っぽくなる。

沼アジサシ

淡水の水辺を好むことから「沼アジサシ」とも呼ばれる。9月頃、内陸の湖で何羽も飛んでいるのを見ることがある。類似種のハジロクロハラアジサシと一緒にいることもある。

横向き

空中

旅

鳴き声 ギー、ケレ、キッキッキッ

ミサゴ科

ミサゴ [鶚]

タカ目ミサゴ科ミサゴ属　*Pandion haliaetus* ／ Western Osprey　■全長 オス 54cm メス 64cm

- 虹彩は黄色
- 太い過眼線が目立つ
- 褐色
- 下面は白い

魚が主食のタカ

ダイナミックに空から急降下して魚を捕るタカ。翼を広げると1.5mほどの大きな鳥。留鳥として全国に分布。湖沼、河川、海岸などに生息する。かつては数が少なかったが、近年は珍しくない。海岸の崖や樹上に巨大な巣をつくる。生きた魚が主な獲物で、ホバリングして狙いを定め、足からダイビングして捕らえる。水上の杭などにとまって捕らえた魚を食べる。雌雄同色。顔には過眼線があり虹彩は黄色。体上面は褐色で下面は白。飛ぶと下面の白が目立つ。

立つ / 空中 / 留

魚を縦に持つ

捕らえた魚が大きい場合、両足で縦に持ち直して運ぶ。足指が前向き2本後向き2本の対趾足なので獲物をしっかりとつかむことができる。タカ類で対趾足なのは本種だけ。

 鳴き声　ピョッ ピョッ ピョッ

カワセミ [翡翠]

ブッポウソウ目カワセミ科カワセミ属 *Alcedo atthis* / Common Kingfisher ■全長 17cm

カワセミ科

メスは下嘴が赤い **メス**
光沢のあるコバルトブルー
オスの嘴は黒い
下面は鮮やかな橙色
オス

水辺の宝石

背中が青く光り輝く美しい姿で、誰もが一度は見てみたいと思う憧れの鳥。水中に飛び込んで魚を捕らえる。かつては「清流の鳥」といわれたが、今は都市公園の池や街中の河川でも普通に見られる。本州以南では留鳥。北海道では夏鳥で、冬は水面が凍って魚が捕れなくなるのでいなくなる。ホバリングから飛び込んで捕食することもある。魚以外にエビなどの甲殻類も捕食する。雌雄ほぼ同色で、メスは下嘴が赤い。幼鳥は全体的に黒ずんだ感じに見える。

発見はまず鳴き声から

「チー」と自転車のブレーキがきしむような特徴的な声をよく発するので、鳴き声を覚えてしまえば出会うのはかなり簡単。鳴き声によって存在に気づくことができる。

 立つ
 樹上
 留

鳴き声 チーと鋭く鳴く

カワセミ科

ヤマセミ [山翡翠]

ブッポウソウ目カワセミ科ヤマセミ属 *Megaceryle lugubris* / Crested Kingfisher ■全長 38cm

- 嘴は先が尖っていて長め
- 立ち上がった長い冠羽
- オスの胸には茶色の斑がある
- 体上面は白と黒の鹿の子模様

オス

白黒鹿の子模様の大きなカワセミ

ぼさぼさの冠羽と長い嘴のユーモラスなプロポーションで、ハトほどもある大きなカワセミ類。留鳥として屋久島以北に分布。山地の渓流やダム湖が主な生息環境だが、営巣できる土の崖があることが重要な生息条件になっている。枝にとまって水面に飛び込むほか、ホバリングからダイビングして魚を捕食する。白黒の鹿の子模様は独特で、ほかに見間違える鳥はいない。頭には羽毛が立ち上がった冠羽が目立つ。雌雄同色だが、オスには胸に茶色の斑が混じる。

やや立つ / 樹上 / 留

\ ホバリング /

獲物を狙うとまり場がない場合は、ホバリングしながら魚に狙いをつけ、ダイビングして捕食する。体が大きいので、ダイビングも豪快。

 鳴き声 キョッ キョッ キョッ、ケラ ケラ ケラなどと飛びながら鳴く

ミソサザイ [鷦鷯]

スズメ目ミソサザイ科ミソサザイ属　*Troglodytes troglodytes* / Eurasia Wren　■全長 11cm

不明瞭な眉斑
チョコレート色の地に細かい黒の縞模様
尾羽をよく立てる

小さな体なのに大きな声

渓流にすむ小さな鳥。日本最小の鳥の一つだが、さえずりの声量は驚くほど大きい。留鳥または漂鳥として屋久島以北に分布。夏は平地から山地の林に生息し、特に渓流沿いに多い。冬は平地林に降りて越冬する。主に昆虫やクモなどを捕食。雌雄同色で、チョコレート色の体に黒く細かい縞模様がある。頭が大きく、短い尾羽を立てた独特のポーズがかわいい。冬はウグイスに似た「チャッチャッ」と聞こえる声で鳴き、茂みの中にいてあまり姿を現さない。

流れの音がうるさいと大声で鳴く

渓流沿いで鳴く個体と森の中で鳴く個体のさえずりを調べた結果、渓流沿いの個体の方が声量が大きいことがわかった。流れの音に負けないように頑張っているようだ。

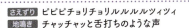

さえずり　ピピピチョリチョリルルルルツィツィ
地鳴き　チャッチャッと舌打ちのような声

283

カワガラス科

カワガラス [河鳥]

スズメ目カワガラス科カワガラス属 *Cinclus pallasii* / Brown Dipper ■全長 22cm

全身がこげ茶色

足は銀色に見える

潜水が得意で不思議な小鳥

いつも渓流の水際にいる、こげ茶色の小鳥。カラスのなかまではない。留鳥として屋久島以北に分布。平地から山地の河川に生息するが、山の渓流で見ることがほとんど。水中を覗き込みながら歩いたり、翼を使って水中に潜り、水生昆虫や魚などを食べる。スズメ目で潜水するのはカワガラス科くらい。巣も滝の裏につくり、一生のほとんどを川から離れずに生活する。雌雄同色。全身がこげ茶色で足は銀色。丸っこい体型で尾羽をピンと立てるポーズが特徴的。

つかむ力が強烈

足指の力が強く、石をしっかりつかんで、速い流れの中でも流されずに歩くことができる。ときには嘴で石をひっくり返して、カゲロウの幼虫などの水生昆虫を捕食する。

 横向き
 地上
 留

♪ さえずり ピッピ ピュルリル ピッピなどと小さな声で鳴く
　地鳴き ピッ ピッ

キセキレイ ［黄鶺鴒］

スズメ目セキレイ科セキレイ属　*Motacilla cinerea* / Grey Wagtail　■全長 20cm

セキレイ科

- 白い眉斑と過眼線がある
- メス
- 喉が黒い
- 翼に白線がある
- オス
- 喉が白い
- 下面は鮮やかな黄色

渓流にすむ尾の長いレモン色の鳥

渓流にいる代表的なセキレイ。鮮やかなレモン色が美しい。留鳥として九州以北に分布する。南西諸島では冬鳥。主に山地の渓流などで繁殖する留鳥だが、冬は平地に移動する個体も多く、都市公園や市街地の川でも見かける。昆虫食で、カゲロウなどの水生昆虫をよく食べる。オスの夏羽は頭から体上面が灰色で喉と翼、尾羽が黒い。顔には白く細い眉斑がある。体下面は黄色。メスはオスと同じ羽色で喉が白いが、黒い個体もいる。冬羽ではオスの喉が白くなる。

2つのさえずり

繁殖期のオスは屋根などの高いところでさえずる。「チチチ」という短いものと、「チチチチ ピンピン ツツツ チュピンツー ピヨピヨ」などと聞こえる複雑なものの2種類がある。

横向き

地上

留

漂

- さえずり　チチチ、チュリチュリチュリ、ピンピン ツツツ チェピンツー ピヨピヨ
- 地鳴き　チチン チチン

セキレイ科

セグロセキレイ ［背黒鶺鴒］

スズメ目セキレイ科セキレイ属 *Motacilla grandis* / Japanese Wagtail ■全長 21cm

顔は白い眉斑以外は黒い
背中は黒
黒い尾羽は長く、外側が白い

日本固有の白黒セキレイ

朝鮮半島の一部に繁殖記録があるだけで、ほぼ日本だけに生息するセキレイ。留鳥として九州以北に分布し、南西諸島ではまれな冬鳥。平地から山地の河川や湖沼、水田などに生息し、特に小石の河原でよく見られる。カゲロウやカワゲラなどの水生昆虫、小魚を捕食する。雌雄同色。頭から体上面、胸が黒い。顔も黒く、白い眉斑が目立つ。尾羽は長くて黒く、外側が白い。類似種のハクセキレイ(p.50)は顔が白く、声が濁らない。普通黒い過眼線がある。

尾を上下に振る理由

尾を上下に振る行動はセキレイ類の特徴。警戒や天敵に対しての牽制など様々な説がある。とまってるときにしか尾を振らないのがヒントになりそうだが、わかっていない。

横向き

地上

留

♪
さえずり ビィジュイ ジュイジュイ ジイジイなどと複雑な声で鳴く
地鳴き ジジッジ ジジッと飛びながら鳴く

286

コクガン [黒雁]

カモ科

カモ目カモ科コクガン属　*Branta bernicla* ／ Brant Goose　■全長 61cm

白い首輪模様

黒褐色だが、褐色が強い個体もいる

脇が白黒の縞模様

海にいる黒い小さなガン

海にいる小型のガン類。国の天然記念物。マガモ(p.241)よりひと回り大きい。冬鳥として北海道と東北の海岸に渡来し、越冬する。そのほか日本各地の海岸で記録がある。北海道東部の野付湾には、秋の渡りで約5000羽の群れが出現するが、その半数近くの越冬地はわかっていない。内湾や海岸で見られ、内陸の湖沼にいることはあまりない。海藻をいろいろと食べ、特にアマモ類を好む。雌雄同色で、脇と尻が白い以外は黒。白い首輪模様が目立つ。

ベジタリアン

本種は岩礁の海藻類や砂地の海底に生えたアマモを食べるため、中継地や越冬地は、これらが豊富にある場所に限られる。

横向き

水上

冬

鳴き声 グルル、グワワ、クォンクォン

カモ科

ツクシガモ ［筑紫鴨］

カモ目カモ科ツクシガモ属 *Tadorna tadorna* ／ Common Shelduck　■全長 63cm

- オスにはこぶがある
- 緑光沢のある黒
- 赤く反り返った嘴
- オス
- 栗色の帯模様

泥だらけの場所が好き

九州北部の筑紫地方に多いのが和名の由来。冬鳥として九州地方に渡来し、特に有明海の干潟に多くが集まる。近年は西日本の各地で越冬する例が増えており、ほかの地域でも観察記録がある。基本的には干潟に生息するカモだが、池や水田で見られることもある。主食は貝や藻類など。雌雄同色、赤い嘴が目立ち、頭は緑光沢のある黒色で体は白い。胸から背中をぐるっと囲むように栗色の帯状の線がある。繁殖期のオスの上嘴の付け根にはこぶができる。

泥の表面をなでる

嘴の先が上向きに反っていて、泥の表面をさらうのにちょうどよい角度になっている。歩きながら嘴を左右に振って、貝や藻類を採食する行動は見ていてユーモラス。

横向き / 水上 / 冬

♪　鳴き声　オオー オオー

288

スズガモ ［鈴鴨］

カモ目カモ科スズガモ属　Aythya marila ／ Greater Scaup　■全長 45cm

- 虹彩は黄色
- 緑光沢のある黒
- 嘴の付け根に目立つ白斑（メス）
- 細かい縞模様の背
- 嘴は青灰色
- 脇は白い
- オス

鈴の音を鳴らしながら飛ぶ

冬鳥として全国に渡来し、大きな群れで越冬する海ガモ。水深の浅い内湾や河口に多いが、内陸の湖沼や公園の池に現れることもある。頻繁に潜水し、アサリなどの貝類を食べるほか、甲殻類や魚類なども捕食する。貝は丸飲みし、強力な筋胃（砂肝）で殻ごと粉砕してしまう。オスは頭から胸が緑光沢のある黒。背には細かい縞模様があり、遠くからだと灰色に見える。メスは全身褐色で嘴の付け根が白い。類似種のキンクロハジロは冠羽があり背が黒い。

江戸前の貝を食べる

東京湾の葛西沖は本種の日本最大の越冬地。江戸前アサリの産地なので、二枚貝が好物である本種が集まり、数万羽もの大群になる。どこまでも続く巨大な群れは圧巻だ。

 横向き

 水上

 冬

鳴き声　オス：ククーなどと鳴くが小さな声
　　　　メス：クルル クルル

 本種(メス)と似ているキンクロハジロ(メス)との見分けについてはp.354を参照

シノリガモ ［晨鴨］

カモ目カモ科シノリガモ属 *Histrionicus histrionicus* / Harlequin Duck　■全長 43cm

- 丸い白斑
- 栗色
- 2つの目立つ白斑
- メス
- オス
- 脇は栗色

夜明けと見るか、ピエロと見るか

海にいるユニークな色彩のカモ。冬鳥として、主に北日本の海岸に渡来する。和名の晨は「夜明け」を意味し、オスの羽色を夜明けの情景と見立てた説がある。学名と英名は、羽色をピエロに見立てた命名。日本と海外で見方が違って面白い。海上で潜水を繰り返し、イカや貝などの水生生物を捕食し、磯や波消しブロックで休む。オスは全体に藍色で脇腹や顔に栗色があり、ところどころに白斑がある。メスは全身が黒褐色で、顔に白い斑が2つある。

渓流で繁殖

かつて日本では繁殖しないと思われていたが、1976年に青森県の山の渓流で繁殖が確認され、以降も北海道や東北地方の山間部の渓流などで巣やひなが見つかっている。

横向き

水上

冬

 鳴き声　キュッキュッキュッ

ビロードキンクロ ［天鵞絨金黒］

カモ目カモ科ビロードキンクロ属　*Melanitta fusca* / Velvet Scoter　■全長 55cm

カモ科

- 嘴は赤く、上の付け根にこぶがある
- 目の下に三日月模様
- オス
- 翼の白斑はかくれていることもある

変わった顔に見える黒いカモ

頭部が黒いなかで目の周囲の白い三日月形の模様が目立つ、面白い風貌のカモ。冬鳥として渡来し、九州以北の海で越冬するが、数はあまり多くない。クロガモ（p.292）の群れに少数が混じっていることが多いが、渡り直前の春ごろには群れていることもある。潜水してエビやイカなどを捕食する。オスは全身がビロードのように光沢のある黒色で、これが和名や英名の由来。嘴は短めで赤く、翼の白斑が目立つ。メスは全身が黒褐色で、顔に2つの白斑がある。

沖合にいる

はるか沖合の海上のクロガモの群れの中にいることが多い。荒天時など、まれに漁港にいるときなどが観察のチャンスだ。

横向き

水上

冬

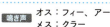
鳴き声　オス：フィー、アー
　　　　メス：クラー

カモ科	# クロガモ ［黒鴨］
	カモ目カモ科ビロードキンクロ属　*Melanitta americana* ／ Black Scoter　■全長 48cm

こぶ状にふくらむ橙色が目立つ

全身がとにかく真っ黒

頬は灰色

メス

オス

嘴以外は全身真っ黒け

海にいる真っ黒なカモで、和名、学名、英名すべて黒い羽色にちなむ。冬鳥として九州以北の海に渡来し、特に東日本、北日本の太平洋側に多い。サーフィンができるような砂地の海に生息し、波のうねりの先に沖合の大群が見え隠れする。頻繁に潜水を繰り返し、主に貝を食べる。潜水するときは、翼を開かないのが特徴。オスは全身が真っ黒。嘴の付け根の穴があるあたりは、橙色のこぶ状にふくらんでいて目立つ。メスは全身が黒褐色で、頬が灰白色。

横向き

水上

冬

サーファーと一緒

貝類が大好き。サーフィンができるような砂地の浜には二枚貝が豊富にいるため、それを狙って集まってくる。クロガモとサーファーが同じ海にいることも。

♪ 鳴き声　オス：フィーなどと笛のような弱々しい声
　　　　　メス：クルル

コオリガモ ［氷鴨］

カモ目カモ科コオリガモ属　*Clangula hyemalis* / Long-tailed Duck　■全長 オス60cm メス38cm

カモ科

丸い黒斑

嘴のピンクがよく目立つ

丸い黒斑

メス

長い尾羽

オス 冬羽

流氷の海でアオナと鳴くカモ

尾羽が長い、白と黒の海ガモ。北海道と東北北部の海に冬鳥として渡来し、北海道の道北や道東には群れが多く見られる。まれに内陸の湖にも姿を見せることがある。オスは「アッ アオナ」と聞こえる声でよく鳴く。翼を少し開きながら潜水し、軟体動物や甲殻類などを捕食する。オスは白を基調とした黒と灰色の羽色で、嘴のピンクが目立つ。メスは全体が褐色で顔が白く、耳のような黒斑が目立つ。飛ぶと翼の上面が一様に暗色なのは、ほかのカモにはない特徴。

夏羽は真っ黒

夏羽

和名は白い羽色が氷を連想させることにちなむが、これは冬羽の話。4〜5月に夏羽となり、白い部分が真っ黒になってしまう。

鳴き声　オス：アッ アオアオナ
　　　　メス：オワッ オワッ

横向き

水上

冬

カモ科

ウミアイサ [海秋沙]

カモ目カモ科ウミアイサ属 *Mergus serrator* / Red-breasted Merganser ■全長 55cm

- つんつんした冠羽
- 上にやや反った赤く細い嘴
- オス
- 赤褐色の胸
- 頭と首の色に境がない
- メス

ツンツン頭の魚食性のカモ

頭の羽毛がツンツンしている、嘴が細いカモ。冬鳥として北海道から九州までの海や河口などに渡来する。嘴が細く、縁にノコギリ状の突起があり、魚をくわえるのに適している。潜水を繰り返し、魚や貝、甲殻類などを捕食する。オスは頭が黒く、ぼさぼさの冠羽があり、嘴と虹彩が赤い。メスの頭は赤褐色で冠羽があり、体は灰色。カワアイサ（p.252）のメスに似ているが、本種は首と胸の色の境がはっきりしない点が異なる。

求愛ディスプレイ

冬から春にかけて、オスはメスに対して、嘴を上前方に高く伸ばしたあと、首を水に沈め体を反らせる、ユニークな求愛ディスプレイを行う。

横向き

水上

冬

 鳴き声 グワッグルー

ミミカイツブリ [耳䴏]

カイツブリ目カイツブリ科カンムリカイツブリ属　*Podiceps auritus* / Horned Grebe　■全長 33cm

- 虹彩は赤い
- 白と黒の境がはっきりしている
- 嘴は短く真っすぐ
- 冬羽

夏羽には「耳」がある

夏羽には金色の耳のような飾り羽があり、それが和名の由来となった。冬鳥として九州以北に渡来するため、「金色の耳」は春に換羽しないと見られない。岸に近い海や内湾にいることが多く、淡水域に入ることはあまりない。潜水して魚や甲殻類を捕食する。冬羽は頭が黒く、頬が白く目立つ。虹彩は赤い。夏羽は頭が黒く、目の後ろに金色の飾り羽があり、首が赤褐色。類似種のハジロカイツブリ (p.256) は嘴が上に反っている点が異なる。

ゴージャスな夏羽

夏羽

冬鳥なので夏羽を見る機会はあまりないが、3月中旬くらいから全身が真っ黒で首が赤褐色の夏羽の個体に出会える。目の後ろから伸びる金色の飾り羽がとてもゴージャスな雰囲気だ。

横向き

水上

冬

鳴き声 キュルルルゥー（繁殖地では鳴くが、日本ではまず聞けない）

 本種と似ているハジロカイツブリ（冬羽）との見分けについてはp.354を参照

アビ科

アビ ［阿比］

アビ目アビ科アビ属 *Gavia stellata* ／ Red-throated Loon ■全長 63cm

やや上にそった嘴

背は灰色で白い細かい斑点がある

冬羽

体は沈みがち

© Yoshitaka Minowa

海にすむ潜水が得意なダイバー

外洋にいるため、近くで見られない海鳥。冬鳥として九州以北の海に渡来し、特に北の海に多い。魚を追って沖合にいることが多いが、海がしけると漁港などに避難してくる。2～9mの深さまで潜ることができ、魚を捕食する。潜水時間は約1分ほど。雌雄同色、冬羽は頭から体上面が黒に近い灰色で、頬が白い。背には小さな白い斑点がある。夏羽は喉が赤茶色。嘴は上に反っているように見え、首を伸ばした前傾姿勢が独特なので、遠くからも識別できる。

横向き

水上

冬

喉の赤茶色が目立つ

3月から4月にかけて夏羽に換羽、喉の赤茶色がよく目立つ。英名はこの喉の色にちなんでつけられた。後頭から後頸にかけての縦斑も美しい。写真：箕輪義隆

♪ 鳴き声 アルーアーと繁殖地で鳴くが日本では鳴かない

オオハム ［大波武］

アビ目アビ科アビ属 *Gavia arctica* / Black-throated Loon ■全長 72cm

脇腹に白斑がある

©Yoshitaka Minowa

意外と大きい海鳥

冬鳥として九州以北の海上に渡来する海鳥。まれに内陸の湖沼にも入る。大きさはマガン(p.229)と同じくらい。潜水して魚を食べる。シロエリオオハム（下）に酷似しているが、夏羽冬羽ともに脇腹の後方に白い部分がある点が異なる。

鳴き声 アウ、オァーウッ オァーウッなどとひと声ずつ鳴く

シロエリオオハム ［白襟大波武］

アビ目アビ科アビ属 *Gavia pacifica* / Pacific Loon ■全長 65cm

喉に首輪のような黒い線

脇腹に白斑がない

©Yoshitaka Minowa

陸上は歩けない鳥

冬鳥として全国の海上に渡来する海鳥。まれに内陸の湖沼にも入る。潜水して魚を食べる。潜水に特化した体で、足が極端に後方にあり、陸上では立ち上がって歩けない。類似種のオオハム（上）より小さく、冬羽は喉に首輪のような細い線がある。

鳴き声 アーッ アーッ、ガガガー

コアホウドリ [小信天翁]

ミズナギドリ目アホウドリ科アホウドリ属　*Phoebastria immutabilis* / Laysan Albatross　■全長 80cm

目の前と上が黒い

黒いアイシャドーがチャームポイント

北太平洋に広く分布し、小笠原諸島聟島(むこじま)列島では繁殖する。本州以北の太平洋上では一年中見られ、台風などの荒天時には沿岸でも見られる。細長い翼を広げ、海上を滑るように飛ぶ。雌雄同色。目の黒いアイシャドーのような模様が最大の特徴。

♪ 鳴き声　ホエーと雌雄で鳴き交わす
　　　　ピーなどと笛のような声

クロアシアホウドリ [黒足信天翁]

ミズナギドリ目アホウドリ科アホウドリ属　*Phoebastria nigripes* / Black-footed Albatross　■全長 70cm

嘴の付け根が白い

体がこげ茶色のアホウドリ

北太平洋に広く分布する。伊豆諸島鳥島や八丈小島、小笠原諸島などで繁殖し、太平洋上では一年中観察でき、夏の東北や北海道沖では数が多い。海面で魚やイカなどを捕食する。雌雄同色。足と嘴が黒く、全身こげ茶色。嘴の付け根が白い。

♪ 鳴き声　ウェー、ウーと雌雄で鳴き交わす
　　　　ウー、ピー、メー

アホウドリ［信天翁］

ミズナギドリ目アホウドリ科アホウドリ属　*Phoebastria albatrus* / Short-tailed Albatross　■全長 100cm

橙色に染まる
ピンク色の大きな嘴

海上をダイナミックに飛ぶ

翼開長240cmにもなる長い翼で、海上をダイナミックに飛行する海の巨鳥。北太平洋に分布し、伊豆諸島鳥島と尖閣諸島で繁殖する。鳥島での繁殖期は10〜5月で、その期間は周辺部の海や太平洋上で姿を見る。5〜11月は本州東方沖や北海道太平洋上で主に若鳥に出会う。魚や軟体動物、甲殻類などを捕食するが、潜水はしない。雌雄同色。成鳥は白と黒の羽色で頭から後頸が橙色。幼鳥は全身が黒く、完全な成鳥羽になるのに10年はかかる。

絶滅の危機にあった

幼鳥

19世紀末には約600万羽もいたとされるが、乱獲で十数羽まで激減。保護活動によって個体数が増加し、絶滅の危機から脱した。小笠原に繁殖地を作る計画が進行中。

横向き

空中

夏

鳴き声　グァーグァァァァァと繁殖地では鳴くが、海上では鳴かないという

フルマカモメ ［フルマ鷗］

ミズナギドリ目ミズナギドリ科フルマカモメ属　*Fulmarus glacialis* ／ Northern Fulmar　■全長 49cm

- 目の周りが黒い
- 淡色型
- 嘴は黄色で管鼻がある
- ずんぐりとした体型
- 暗色型
- 初列風切の付け根の色が淡い

白と黒のミズナギドリ

カモメと名がつくがミズナギドリのなかま。頭が大きくずんぐりした体型で、幅広い翼がほかのミズナギドリ類とは異なる。本州中部以北から北海道の太平洋上で一年中見られ、東北から北海道にかけては夏と秋に多く出現する。浅い羽ばたきと滑空を繰り返して飛行する。表層にいる魚やオキアミなどを食べ、1～3mほどの深さまで潜水することもある。雌雄同色で、全身が暗褐色の暗色型から、それより淡い中間型、ほとんど白い淡色型など色の変異がある。

横向き

水上

旅

管のような鼻

上嘴の付け根に「管鼻（かんび）」とよばれる管状突起があるのがミズナギドリ類の特徴。体に入った塩分を濃縮し、ここから排出する。また鳥としては珍しく嗅覚が発達している。

♪　鳴き声　ギャーなどと声を発するがほとんど鳴かない

オオミズナギドリ ［大水薙鳥］

ミズナギドリ科

ミズナギドリ目ミズナギドリ科オオミズナギドリ属　*Calonectris leucomelas* / Streaked Shearwater　■全長 49cm

頭はごま塩模様

上面は暗褐色で背にはうろこ模様

繁殖は日本が中心

日本で見られるミズナギドリ類で最大種。最も普通に見られ、船に乗らなくとも海岸からでも観察することができる。繁殖地は日本近海に限られ、伊豆諸島や岩手、新潟、島根、京都、鹿児島など各地の島に繁殖コロニーがある。2月頃に繁殖地へ到着し、11月中旬まで繁殖期は9カ月にもおよぶ。冬はオーストラリア北部まで渡るが、留まるものもいる。潜水して魚やイカなどを捕食。雌雄同色。頭がごま塩模様で、嘴は白っぽい。体上面は暗褐色で下面は白い。

巣は土のトンネル

島の土の斜面に直径15cm、深さ1mのトンネルを掘って巣とする。夜になると親鳥が餌採りから戻り、巣の中で待つひなに給餌する。ネコによる捕食で数が激減している繁殖地もある。

横向き

水上

夏

| 鳴き声 | オス：ピューウィー ピューウィー
メス：グア、オウーエー |

ミズナギドリ科

ハシボソミズナギドリ [嘴細水薙鳥]

ミズナギドリ目ミズナギドリ科ハイイロミズナギドリ属 *Puffinus tenuirostris* / Short-tailed Shearwater　■全長 42cm

額が盛り上がる

全身が黒褐色

黒く細めの嘴

とんでもない大群になる鳥

ときに数十万羽もの大群になるミズナギドリ類。オーストラリア・タスマニア島周辺で繁殖し、非繁殖期にはベーリング海から北極海で過ごすため、季節移動で日本近海を通過、春から夏にかけて太平洋岸を数万から数十万羽が北上する。大群が太平洋から津軽海峡を通った記録もある。主食はオキアミなどの甲殻類や魚。潜水能力が高く、深さ20mくらいまで翼を使って潜る。雌雄同色で、全身が黒褐色、翼下面が銀色に光って見えることも。嘴は細くて黒い。

スーパーバード

ほとんどはばたかずに一日に100km以上もの距離を飛び、獲物を追って20mもの深さまで潜水でき、陸上では深さ1mの穴を掘る。陸海空全てで能力を発揮するスーパーバードだ。

横向き

水上

夏

♪　鳴き声　渡り途中はほとんど鳴かない

カツオドリ ［鰹鳥］

カツオドリ目カツオドリ科カツオドリ属　*Sula leucogaster* / Brown Booby　■全長 70cm

- 細長い翼
- メス
- オスは顔が青い
- オス
- 腹と翼下面が白い

矢のようにダイビングする鳥

黒くて大きな海鳥。海中めがけて急降下し、水に突き刺さるように潜水して魚を捕食する。そのため鼻の穴がないのが、カツオドリ科の特徴。世界の暖かい海に分布し、日本では伊豆諸島、小笠原諸島、硫黄列島、草垣群島、南西諸島、尖閣諸島などで繁殖し、その周辺の海で見られる。九州では越冬するものもいる。魚群に群がる行動で漁師にカツオなど魚の存在を知らせたのが和名の由来。雌雄ほぼ同色で腹や翼下面は白く、ほかは黒。オスの顔は皮膚が露出し、青い。

ブービー賞

スポーツの大会などに「ブービー賞」があるが、ブービーはカツオドリの英名。簡単に捕まってしまうので「間抜け」という意味で、最下位の賞の名称になったという。

立つ
水上
夏

鳴き声　グワッ グワッ

ヒメウ ［姫鵜］

ウ科

カツオドリ目ウ科ウ属 *Phalacrocorax pelagicus* / Pelagic Cormorant ■全長 73cm

嘴はとても細い　小さな頭
冬羽
全身が緑光沢のある黒

頭が小さく首が長い

海にすむ、頭が小さめのウ。日本で見られるウ類では最小で、和名はそれにちなむ。北海道や東北、大分県では繁殖し、通年見られるが、そのほかの地域では冬鳥。磯や崖、防波堤にとまっていることが多く、内湾や河口にも出現する。ウミウ（右頁）と一緒にいることが多いが、本種は頭が小さく、首が長く見える。ほかのウ類と同じように、潜水して魚や甲殻類などを捕食する。雌雄同色で、夏羽は目の前が赤く、腰の白斑以外は緑光沢のある黒色。冬羽は全身が黒。

腰の白斑

夏羽の腰の白斑はとまっているとよく見えないが、飛ぶとよく目立つ。小さな頭と細長い首の体型と腰の白が見えれば、本種だとわかる。

♪ 鳴き声 ウァァァァと震えるような声で鳴く

ウミウ ［海鵜］

カツオドリ目ウ科ウ属　*Phalacrocorax capillatus* / Japanese Cormorant　●全長 84cm

- 嘴の先はカギ状に曲がる
- 口角の黄色が尖って見える
- 白い部分が目の高さよりも上に広がっている

鵜飼いで大活躍

岐阜県長良川などの鵜飼いで用いられる。分布は日本と朝鮮半島、沿海州に限られ、極東アジアの特産種である。国内では本州中部以北の海岸で局地的に繁殖し、特に北海道に多い。繁殖地の周辺では通年見られるが、そのほかの地域では冬鳥。海岸の断崖や岩礁で集団繁殖し、防波堤などで休んでいる姿を見る。10〜30mほどの深さまで潜水し、魚を捕食する。雌雄同色、非繁殖期は全身が黒色で顔が白いが、繁殖期には首や足の付け根に白斑が出る。

鵜飼い

鵜飼いは中国と日本で行われている伝統漁法で、中国ではカワウ(p.255)、日本では本種が使われることが多い。カワウに比べて体力があり、喉が太く、おとなしい。

 立つ

 地上

 留

鳴き声　*グアアア*

 本種と似ているカワウとの見分けについてはp.355を参照

サギ科

クロサギ ［黒鷺］

ペリカン目サギ科コサギ属 *Egretta sacra* / Pacific Reef Heron ■全長 62cm

嘴の色は黒から黄色と個体差がある

黒色型

白色型

足は太く短い。色は黒から黄色と個体差があるが、足指は黄色

白いのもいるのにクロサギ

海辺にいるサギ類。留鳥として本州以南に分布し、東北地方では夏鳥。海岸の磯やサンゴ礁に生息し、歩きながらカニや魚などを捕食する。巣は岩の隙間に枝を組んでつくる。雌雄同色。全身が黒に近い黒色型、白い白色型の2タイプがいる。嘴は太くがっしりしていて、色は黒や黄などまちまち。足の色も黒から黄緑色まで変異があるが、足指は黄色い。足が太く短いのが特徴で、ほかのシラサギ類と異なる。まれに黒色型と白色型の中間的な色がいる。

低い姿勢で狙いを定める

磯の潮だまりなどで獲物を見つけると、頭を低く伏せるような姿勢で接近し狙いを定める。緊張感みなぎる瞬間はいつ見てもドキドキする。

立つ

地上

留

♪ 鳴き声 グアアア

ダイゼン ［大膳］

チドリ目チドリ科ムナグロ属　*Pluvialis squatarola* / Grey Plover　■全長 29cm

チドリ科

白と黒の まだら模様

喉から腹が黒い

夏羽

幼鳥

変わった名前のチドリ

干潟にいる大型のチドリ類。相撲取りの四股名(しこな)のような和名だが、天皇や皇族の調理担当役を大膳職といい、その食材に本種が使われたことが由来という。旅鳥として全国の干潟に渡来するが、本州中部以南では冬鳥として越冬する個体も多い。潮が引いた干潟をストップアンドゴーで歩き回り、カニやゴカイを捕食する。雌雄同色。夏羽は頭から体上面が白と黒の斑模様。顔から体下面は黒く、下尾筒は白い。冬羽では体下面が白くなる。飛ぶと翼の黒斑が見える。

妙技「ゴカイ抜き」

あっちふらふら、こっちふらふらの典型的な千鳥足で採食するが、これは視覚で獲物を探すため。ゴカイを見つけるとすばやく上部をくわえ、ちぎれない微妙な力加減で引き抜く。

横向き

地上

旅

冬

鳴き声　ピューイと笛の音のような音で尻上がりに鳴く

307

| チドリ科 |

ハジロコチドリ [羽白小千鳥]

チドリ目チドリ科チドリ属 *Charadrius hiaticula* / Common Ringed Plover ■全長 19cm

過眼線が不明瞭でアイリングがない

嘴は黒い

冬羽

足は橙色

決め手は翼の白い帯

旅鳥または冬鳥として、全国の干潟や河口などに渡来する小型のチドリ類。繁殖地が北極、越冬地がアフリカのため、日本に出現する個体はあまり多くない。干潟を歩きながら、カニなどの小動物を捕食する。成鳥の夏羽は嘴が橙色と黒なので、ほかの小型チドリ類との識別は容易だが、見る機会が多いのは冬羽や幼鳥のため嘴は黒く、コチドリ(p.273)の冬羽と酷似している。本種の和名の由来、翼を広げるとはっきりした白い帯が出る点が、見分けの決め手になる。

翼を広げる瞬間を待つ

シギやチドリのなかまは、翼に重要な識別ポイントがあるものが多い。翼をたたんでいると見えないので、広げる瞬間を見るために粘ることも肝心だ。

横向き

地上

旅

越

  鳴き声 ピューイ

シロチドリ [白千鳥]

チドリ目チドリ科チドリ属　*Charadrius alexandrinus* / Kentish Plover　■全長 17cm

チドリ科

- 額に黒線
- 頭頂部は栗色
- 黒線は胸でつながらない
- オス 夏羽
- メス

額の黒線がかわいい

砂浜にいる小型のチドリ。他種のチドリに比べて頭が大きく感じる。留鳥として全国に分布し、北日本では夏鳥。関東以西では越冬する。干潟でも見るが砂浜に多く、特に繁殖期は砂地に巣をつくるため、出会うことが多い。越冬期は数羽の集団になって干潟や湖沼などにもいる。典型的な千鳥足で地表にいるカニやゴカイなどを捕食する。オスの夏羽は頭が栗色で、額に黒い1本の横線がある。メスはオスの黒い部分がない褐色と白色の体。オスの冬羽はメスに似る。

数が減っている

砂浜で普通に見られた種だったが、近年は著しく減少している。繁殖場所の砂浜が開発されたり、レジャー利用の車や人によって繁殖が妨害されたりするのが原因だと指摘されている。

横向き

地上

留

鳴き声 ピル ピル、ビュル ビュル

チドリ科

メダイチドリ [目大千鳥]

チドリ目チドリ科チドリ属 *Charadrius mongolus* / Lesser Sand Plover ■全長 20cm

- 太い過眼線
- 頭から胸がレンガ色
- 嘴は短め
- 色の境に黒線がある
- 夏羽
- 幼鳥

名前ほど目は大きくない

夏羽のレンガ色が美しいチドリ類。旅鳥として春と秋の渡りの時期に全国で見られ、本州中部以南では越冬する。干潟で見る機会が多いが、砂浜や湖沼の浅瀬などでも見ることがある。ストップアンドゴーを繰り返す千鳥足で、主にゴカイやカニを捕食する。雌雄ほぼ同色で、夏羽は頭と胸が鮮やかなレンガ色。額には黒い横線があり、サングラスをしたように黒い過眼線がある。メスは過眼線が褐色を帯びる。冬羽は眉斑と体下面が白く、そのほかは褐色。

モンゴルのチドリ

学名はモンゴルに繁殖地の1つがあることに由来する。和名は目が大きいという意味だが、強調するほど特別目が大きく見えるわけではない。

鳴き声 ピュリュリュルル ピュリュリュ

オオメダイチドリ [大目大千鳥]

チドリ目チドリ科チドリ属　*Charadrius leschenaultii* / Greater Sand Plover　■全長 24cm

- 嘴は黒くて長い
- 過眼線はオスは黒く、メスはより淡色
- オス 夏羽
- 幼鳥
- 足は長めで黄褐色から青灰色までいろいろ

© Joe Takano

メダイチドリにそっくり

メダイチドリ（左頁）より少し大きい。数少ない旅鳥として全国に渡来するが、南西諸島では越冬することがある。干潟や砂浜、河口の浅瀬などにメダイチドリと一緒にいることが多い。カニが好物で、走り回って捕食する。雌雄ほぼ同色。夏羽は頭から胸にかけて鮮やかなレンガ色。オスの顔にはサングラスのような黒い過眼線がある。体上面は褐色で下面は白。足は黄褐色から青灰色までいろいろ。冬羽はレンガ色や黒い部分が消え、頭から上面が淡褐色になる。

メダイチドリとの見分け

メダイチドリより大きく、嘴と足も長い。メダイチドリの夏羽は首のレンガ色と白の境界に細い黒線があるが、本種にはない。飛んだときに足が尾羽の先よりも出るのもポイント。

 横向き

 地上

 旅

| 鳴き声 | クリリ |

ミヤコドリ ［都鳥］

チドリ目ミヤコドリ科ミヤコドリ属　*Haematopus ostralegus* ／ Oystercatcher　■全長 45cm

赤く長い嘴
虹彩は赤い
頭から体上面は黒

二枚貝が大好き

アサリなどの二枚貝を好んで食べる水鳥。旅鳥または冬鳥として全国に渡来する。かつては数少ない旅鳥だったが、近年は東京湾や伊勢湾で数百羽が越冬し、東京湾では夏でも見られる。干潟や砂浜が生息環境。英名はカキを食べることに由来するが、日本ではアサリなどの二枚貝が主食で、長い嘴を使って掘り出し捕食する。ほかにゴカイやカニ、小魚などを食べることもある。雌雄同色で、黒と白の体に赤く長い嘴が目立つ。虹彩は赤い。

薄い嘴

横から見ると太く頑丈そうに見える嘴は、左右はとても薄く扁平になっている。この薄さを利用して二枚貝の殻の隙間に差し込み、貝柱を切って殻を開け、中身を食べる。

横向き

地上

旅

冬

 鳴き声　ピューイ、ピュピュ

ソリハシセイタカシギ [反嘴背高鷸]

チドリ目セイタカシギ科ソリハシセイタカシギ属　*Recurvirostra avosetta* / Pied Avocet　■全長 43cm

セイタカシギ科

翼を縁取るように黒い

上に反った
細い嘴

長い足は
青灰色

エレガントな水辺の貴公子

上に反った細い嘴がユニークな、白黒モノトーンの水鳥。数少ない旅鳥または冬鳥として日本に渡来する。英国王立鳥類保護協会（RSPB）のシンボルバードで、バードウォッチャーにとって憧れの鳥。英名の「アボセット」で呼ぶ人もいる。干潟や湖沼、河口などに生息し、長い足を活かし、水深がある場所に入って甲殻類などの小さな生物を捕食する。足指に水かきがあり、泳ぐこともある。雌雄同色で、上に反った細い嘴と白と黒の羽色はほかに似た鳥がいない。

しゃぶしゃぶ式採食法

嘴先を水中に差し入れ、頭を左右に振って捕食する方法は、まるで箸で肉をお湯にくぐらせる「しゃぶしゃぶ」のよう。

横向き

地上

旅

冬

鳴き声　ピューイ、クリー

シギ科

オオソリハシシギ [大反嘴鷸]

チドリ目シギ科オグロシギ属 *Limosa lapponica* / Bar-tailed Godwit ■全長 39cm

上に反った長い嘴は付け根がピンク色

全身がレンガ色　夏羽

足は黒い

長い嘴の反り具合には個体差がある

横向き

地上

旅

上に反った長い嘴が特徴のシギ。旅鳥として、春と秋に全国の干潟や砂浜に渡来する。カニやゴカイが主食なので、干潟や河口の浅瀬に多く、海から離れた淡水湿地にいることはあまりない。歩きながら長い嘴を砂に深く差し込んで探り、カニやゴカイを捕食する。雌雄同色で、春に見られる夏羽は全身レンガ色で美しい。冬羽は赤みがなく、全体的に灰褐色。嘴は根元がピンク色で先が黒い。嘴の反り具合には個体差があり、真っすぐに近い個体もいる。

1万kmを一気に飛行

冬羽

アラスカを飛び立った個体が、約9日間どこにも降りることなく約1万1000kmを飛んで、ニュージーランド北部へ渡ったことが、人工衛星による追跡調査で明らかになっている。

 鳴き声 ケッ ケッ

314

チュウシャクシギ [中杓鷸]

チドリ目シギ科ダイシャクシギ属　*Numenius phaeopus* ／ Whimbrel　■全長 42cm

頭の中央に白い線がある
下向きに曲がった長い嘴
羽の軸斑が目立つ

頭の中央に白い線がある

下向きに曲がった長い嘴をもつシギ類。旅鳥として春と秋に全国に渡来する。干潟や水田など、海と内陸のどちらでも見られる。草原や磯にいることもある。群れでいることが多く、数百羽の大群になることも。干潟では、歩きながら長い嘴をカニの巣穴に差し込み、器用に掘り出して食べる。草原では昆虫を捕食する。雌雄同色で、下向きの長い嘴は8cmほど。全身が褐色で、体上面には茶褐色の軸斑が並ぶ。顔には白い眉斑があり、頭の中央にある白い線が特徴。

敏感な嘴

シギ類の嘴の先にはたくさんの神経があり、とても敏感になっている。そのため、泥の中にいて見えないカニやゴカイなどの獲物を、嘴の感覚だけで探し当てることができる。

鳴き声 ホイ ポピピピピ

 横向き

 地上

  旅

シギ科

ダイシャクシギ [大杓鷸]

チドリ目シギ科ダイシャクシギ属　*Numenius arquata* ／ Eurasian Curlew　■全長 60cm

下向き曲がった嘴は非常に長い

腹からお尻が白い

お尻が白く、嘴が長いシギ

日本で見られるシギの中で2番目に大きい。旅鳥として春と秋に全国の干潟に渡来するが、本州中部以南の太平洋側では越冬するものもいる。干潟や砂浜で見られ、内陸の淡水湿地にいることはまずない。カニを好んで食べ、巣穴に嘴をねじ込むように差し入れて捕食する。雌雄同色。全身褐色で、黒褐色の縦斑がある。嘴は下側がピンク色。ホウロクシギ（右頁）とよく似ているが、本種はお尻が白く、飛んだときに腰が白いのが見える。

横向き

地上

旅

冬

繁殖地にはカニがいない

日本では干潟でカニを食べているが、繁殖地は草原や畑のためカニがいない。バッタなどの昆虫類やミミズが主な食べ物で、長い嘴は深い草の中にいる獲物を捕るのに適しているという。

　鳴き声　ホーインッ

316

ホウロクシギ ［焙烙鷸］

チドリ目シギ科ダイシャクシギ属　*Numenius madagascariensis* / Far Eastern Curlew　■全長 63cm

シギ科

- 細かい縦斑がある
- 嘴は著しく長く、下嘴が肉色
- 白くなく、斑がある

世界最大のシギ

著しく長く、下に曲がった嘴をもつシギ。旅鳥として春と秋に全国の干潟に渡来し、九州や南西諸島では越冬する個体も。極東アジア特産種で、英名はそれにちなむ。干潟や砂浜、海に近い水田などが生息環境。カニの巣穴を見つけると長い嘴を差し込み捕食する。雌雄同色。全身が淡褐色で、黒い縦斑がある。大きく湾曲した嘴は20cmほどあり、下側が肉色。幼鳥は嘴が短め。類似種のダイシャクシギ（左頁）と異なり、お尻や翼下面、腰が白くない。

ホウロクって？

ホウロクとは茶や胡麻などを煎る素焼きの鍋のことで、本種の色が似ていることが和名の由来。学名はマダガスカル産という意味だが、マダガスカルにはいないので誤りだ。

 横向き
 地上
 旅
 冬

鳴き声 ホーイン、ピューインなどと聞こえる

アオアシシギ ［青足鷸］

チドリ目シギ科クサシギ属 *Tringa nebularia* / Common Greenshank ■全長 35cm

この個体は首を縮めている状態だが、伸ばすと首が細い

やや太くて上に反った嘴

冬羽

足は黄緑色。黄色に近い個体もいる

名前ほど足は青くない

白っぽいスマートなシギ類。旅鳥として全国の干潟や水田などに渡来。海と内陸のどちらでも見られる。足が長く、水の中に入って水生昆虫や小魚などを捕食する。雌雄同色。夏羽は全身が白っぽく、頭や胸に細かい縦斑が密にある。冬羽は縦斑がなく白い。嘴がやや上に反っているのが特徴だが、観察条件によってはわかりにくいことも。和名は黄緑色の足を青と表現した昔の言葉にちなむが、緑みがほとんどなく、黄色っぽく見える個体もいる。

コアオアシシギとの識別

嘴が反って見えないことがあり、コアオアシシギ(p.74)と誤認されることがあるが、コアオアシシギの嘴は針のように細く真っすぐなので、しっかり観察すれば区別できる。

♪ 鳴き声 チョー チョー チョーとよく通る口笛のような声で鳴く

キアシシギ ［黄足鷸］

チドリ目シギ科キアシシギ属　*Heteroscelus brevipes* ／ Grey-tailed Tattler　■全長 25cm

- 白い眉斑と過眼線
- 先端があまり尖らず太め。付け根が黄色を帯びる
- 夏羽
- 足は黄色

干潟にも水田にもいる

和名の由来の黄色い足が目立つシギ。旅鳥として全国に渡来するが、南西諸島では越冬する。干潟や砂浜、水田など、海と内陸のどちらでも普通に見られ、大群になることも。干潟では走り回ってカニなどを捕食する。雌雄同色。嘴は真っすぐで黒く、付け根は黄色。顔には黒い過眼線がある。足は短めで、首が短いため横長の体型に見える。夏羽は胸から腹の黄斑がよく目立つ。冬羽は黄斑が消え、白くなる。幼鳥は雨覆に小さな白い斑点模様がある。

魚を捕まえる

干潮時には、乾いた場所にいるカニを走り回って捕らえるが、潮が満ちてくると、水の中に入って、ボラなどの稚魚を捕まえる。状況に合わせて狩りの方法を変える。

鳴き声　ピューイ、ピピピピ

横向き

地上

旅

ソリハシシギ [反嘴鷸]

チドリ目シギ科ソリハシシギ属　*Xenus cinereus* / Terek Sandpiper　■全長 23cm

黒い線がある

黒い嘴は
付け根が橙色で、
上に反る

夏羽

足は
鮮やかな橙色

走り回る上反り嘴のシギ

動きがせわしないシギで、いつも忙しく干潟を走り回っている印象が強い。旅鳥として春と秋に全国の干潟に渡来するが、春よりも秋の方が多い傾向がある。干潟や砂浜に生息し、どちらかというと水際よりも乾いた場所を好み、走り回ってコメツキガニなどを捕食する。雌雄同色。嘴は黒く、付け根が橙色で、上に反っているのが特徴。足は短めで、黄色または鮮やかな橙色。夏羽は体上面に黒い線がある。冬羽は体上面が灰色になり黒線はない。

キアシシギ (p.319) との見分け

嘴を見れば簡単だが、嘴が見えない場合は悩むことも。本種の方が白っぽく、足が橙色であることに注目しよう。飛んだときに翼の後縁に白い帯が目立つという特徴もある。

♪ 鳴き声　フィフィフィリ、ピピピピ

キョウジョシギ ［京女鷸］

チドリ目シギ科キョウジョシギ属　*Arenaria interpres* ／ Ruddy Turnstone　■全長 22cm

- 鮮やかな赤褐色
- 三角錐の形をした太く短い嘴
- よだれかけのような形の黒
- 夏羽
- 足は橙色

赤茶色の体と橙色の足が目立つ

顔が白黒のまだら模様で歌舞伎の隈取りのよう。嘴や首が短く、シギとしては異色な印象。旅鳥として春と秋に全国に渡来し、南西諸島では越冬するものもいる。干潟や砂浜などの沿岸部のほか、内陸の水田でも普通に見られ、大きな群れになることもある。歩きながら小石や土の塊を嘴でひっくり返し、獲物を捕食する習性があり、英名はそれに由来する。雌雄同色。夏羽は体上面の赤褐色が美しい。冬羽は体上面が褐色になる。幼鳥は羽縁が白くうろこ模様。

京都の女性

和名は、夏羽の赤褐色と黒、白の美しい羽色が、艶やかな着物を着た京都の女性を思わせるのを「京女」と表現したという。なんとも雅な名前をつけたものである。

鳴き声 ギョギョギョ、ゲレゲレゲレ

 横向き

 地上

 旅

シギ科
オバシギ ［尾羽鷸］
チドリ目シギ科オバシギ属 *Calidris tenuirostris* ／ Great Knot ■全長 29cm

- 目立つ赤褐色の羽
- やや長い黒く真っすぐな嘴
- 夏羽
- 黒い足は短め

二枚貝が大好きなシギ

シギ類では珍しく、ずんぐりしている。さまざま種が入り混じる干潟でも、この体型の違いで本種に気づくことが多い。旅鳥として全国の干潟や砂浜、岩礁などの沿岸部に渡来。数羽でいることが多く、大きな群れになることはあまりない。二枚貝が好きで、丸飲みして食べる姿がよく見られるほか、カニやゴカイなども採食する。雌雄同色。嘴はやや長く、真っすぐ。夏羽は肩羽の赤褐色が目立つ。冬羽は体上面が灰色で軸斑が目立つ。幼鳥は胸に密な黒点が並ぶ。

尾羽なのか姥なのか

和名の由来が不明の鳥。腰が白く、黒い尾羽が目立つことに由来する説や動きがゆっくりなので、老女の「姥」を連想させるなど諸説ある。

♪ **鳴き声** キュキュなどと鳴くがあまり鳴かない

ミユビシギ ［三趾鷸］

チドリ目シギ科オバシギ属 *Calidris alba* / Sanderling ■全長 19cm

シギ科

頭から上面は灰白色

黒い嘴は短めで真っすぐ

冬羽

足は黒い

©Masahiro Noguchi

波打ち際を忙しく走り回る

砂浜で走り回る白いシギ。旅鳥または冬鳥として全国の砂浜や干潟に渡来し、数百羽もの大群になることがある。打ち寄せる波を避けるように水際を行ったり来たりしながら、小さな二枚貝や甲殻類を捕食する。その様子は見ていて飽きない。雌雄同色。黒い嘴は真っすぐで短め。足は黒い。夏羽は頭から体上面が赤褐色と黒のまだら模様。冬羽は上面が灰白色で下面は白く、翼角の黒が目立つ。類似種のハマシギ（p.325）は嘴が長めで、下に曲がっている。

足の指が3本

多くの鳥の足指は前3本後1本だが、本種はその名の通り後ろの1本がない。高速で地面を走り回るのに適応した結果である。ただし、痕跡程度に後指がある個体もいる。

横向き

地上

旅

冬

鳴き声 チュッ チュッ

シギ科

トウネン [当年]

チドリ目シギ科オバシギ属　*Calidris ruficollis* / Red-necked Stint　■全長 15cm

- 頭と胸は赤褐色
- 嘴は黒く短い
- 夏羽
- 黒く短い足

当年生まれのように小さい

干潟などで普通に見られる、スズメ大の小さなシギ。旅鳥として全国に渡来し、本州中部以南では越冬することもある。干潟や砂浜などの沿岸部と水田や湖沼などの内陸のどちらでも見られる。単独でいることは少なく、数十羽からときには1000羽以上の大群になることがある。せわしなく歩きながら地面をつつき採食する。雌雄同色。嘴と足は黒く短く、横長の体型。夏羽は頭から体上面が赤褐色と黒のまだら模様。冬羽は頭から体上面は灰褐色で、下面は白い。

バイオフィルムを食べる

すごい速さでついばむため、本種が何を食べているか不明だったが、バイオフィルムという、泥の表面にある微細藻類やバクテリアがつくり出した粘膜物質を食べていることが最近わかった。

 横向き

 地上

 旅

♪　鳴き声　ピュリッ、チュリッ

ハマシギ ［浜鷸］

チドリ目シギ科オバシギ属 *Calidris alpina* / Dunlin ■全長 21cm

- 白い眉斑
- 体上面は赤褐色
- 夏羽
- 長い嘴はやや下に曲がる
- 腹が黒い
- 足は黒い
- 上面は灰色
- 冬羽

夏羽はおなかが黒い

干潟や水田で普通に見られるシギ。大きさはムクドリ大。旅鳥または冬鳥として全国に渡来し、干潟などの沿岸と水田などの内陸のどちらでも出会う。大群になることが多く、越冬場所では1000羽以上になることもある。嘴を泥の中に差し込み、激しく上下させてゴカイや甲殻類などの水生生物を採食する。雌雄同色。嘴は長めで、先がやや下に曲がる。嘴と足は黒い。夏羽は体上面が赤褐色で、腹の黒斑がよく目立つ。冬羽は体上面が灰色で、下面は白い。

見事な群飛

本種の魅力の一つはなんといっても大群が塊となって飛ぶ群飛だ。密集した群れは方向転換のたびに体下面の白が光って見え、見るたびに魅了される。

 横向き

 地上

 旅

 冬

鳴き声 ビュル、ビューイ

ヘラシギ [箆鷸]

シギ科

チドリ目シギ科ヘラシギ属 *Eurynorhynchus pygmeus* / Spoon-billed Sandpiper ● 全長 15cm

- 白い眉斑
- 幼鳥
- へら状の嘴は黒い

へら状の嘴をもつ世界的希少種

シギ類で唯一、嘴がへらの形をしたスズメ大のシギ。旅鳥として春と秋に渡来するが、とても少ない。極東アジア特産種で推定個体数が全世界で約500羽と絶滅の危機にある。干潟や水田、埋め立て地の水たまりなどに生息する。トウネン(p.324)の群れに単独でいることが多く、嘴を水に差し込み、頭を左右に振る独特な行動で存在に気づく。雌雄同色で、夏羽は頭から胸が赤褐色。冬羽は体上面が灰褐色で、白い眉斑がある。幼鳥は白と黒のコントラストが強い。

危機的な状況

1970年代は3000～4000つがいとされていたが、2018年のデータでは約500羽と絶滅寸前の状況。ミャンマーやバングラデシュなどが重要な越冬地であることが判明し、保全対策が検討されている。

横向き

地上

旅

鳴き声 プリー

キリアイ ［錐合］

チドリ目シギ科キリアイ属　*Limicola falcinellus* ／ Broad-billed Sandpiper　■全長 17cm

- 目の上に眉斑と頭側線の2本の白線がある
- 黒く長目の嘴は付け根が太く、先が下にやや曲がる特徴的な形
- 冬羽から夏羽へ移行中

顔に2本の白線があるシギ

顔に白い眉斑と頭側線が走る、特徴的な姿のシギ。旅鳥として全国で見られる。干潟に生息するが、海に近い場所では水田にいることもある。かつては群れで見られることもあったが、近年は多くない。秋にトウネン(p.324)やハマシギ(p.325)の群れに混じった幼鳥を見ることが多い。先が少し下に曲がった嘴で、貝類やカニなどを捕食する。雌雄同色。夏羽は赤褐色の羽縁が目立つ。冬羽は灰色。幼鳥は羽縁の白がはっきりとしていて、コントラストが強い。

鳴き声　ビュリー

よくわからない和名

漢字では「錐合」と書くが、その由来はわかっていない謎の和名。英名は幅広の嘴をもつシギという意味で、付け根がやや幅広なことに由来する。

横向き

地上

旅

エリマキシギ [襟巻鷸]

チドリ目シギ科エリマキシギ属 *Philomachus pugnax* / Ruff ■全長 オス28cm メス22cm

頭が小さく首が長い

冬羽

足は黄色から暗い黄緑色まで個体差がある

ゴージャスな襟巻きのような飾り羽

旅鳥として全国の水田や干潟に渡来する。なかには越冬する個体もいる。秋に出会うのは幼鳥がほとんど。繁殖期のオスには、襟巻きのような白や茶色のふさふさした飾り羽が生えるが、残念なことに日本では完全な飾り羽を見ることはほとんどできない。春に少し飾り羽が生えてきた個体を見るくらい。冬羽は雌雄同色。オスの方が大きい。首が長めで、ほかのシギとは体型が違って見える。幼鳥は頭から胸、腹にかけて黄褐色で、目立った模様がないのが特徴。

女装するオスがいる

オス 夏羽

繁殖地では飾り羽の襟巻きが伸びたオスが何羽も集まり、求愛ダンスをする。その周囲には襟巻きがないメスに似せた女装オスがいて、縄張りに忍び込んでメスを奪おうとする。

横向き

地上

旅

鳴き声 グウェ、ゲッ

アカエリヒレアシシギ ［赤襟鰭足鷸］

チドリ目シギ科ヒレアシシギ属 *Phalaropus lobatus* ／ Red-necked Phalarope ■全長 18cm

- 目の後ろに目立つ黒褐色の斑がある
- 真っすぐで細い嘴
- 喉から下面は白い
- 顔から首にかけて赤褐色

夏羽

水面をくるくる回るように泳ぐシギ

大群で海上を泳ぐ小型のシギ。足指は弁足で、泳ぐのに適している。繁殖地が北極で、春と秋に日本を通過する旅鳥。春には大群が見られる。天候が荒れると、海岸やまれに内陸にも現れる。水面をくるくると回るように泳ぎながら、プランクトンなどを捕食する。雌雄の繁殖の役割が逆転しており、メスのほうが羽色が鮮やか。夏羽は首の赤褐色が目立ち、冬羽は体上面が灰色で、下面が白い。幼鳥は頭頂から体上面が黒褐色で、目に黒い模様がある。

野球場の照明に飛来

本種は強い光に誘引される習性があるようで、まれに野球場のナイター照明に飛来し、騒動になることがある。筆者も埼玉県の球場で保護した経験がある。

鳴き声 ピュルピュル

横向き

水上

旅

カモメ科

クロアジサシ [黒鯵刺]

チドリ目カモメ科クロアジサシ属 *Anous stolidus* / Brown Noddy ■全長 42cm

額から後頭が銀色 / 目の下に白い線 / 全身がこげ茶色

チョコレート色のアジサシ

こげ茶色の体と銀色の額が目立つ、いかにも南の島が似合う鳥。世界中の熱帯域の海に生息し、日本には夏鳥として渡来。小笠原諸島や硫黄列島、南鳥島、宮古島、与那国島などで集団繁殖する。台風などが通過した後には繁殖地以外の海岸でも観察されることがある。海上を飛行し、ダイビングして魚などを捕食する。集団繁殖地の近くでは磯で休んでいる姿を見る。雌雄同色で、全身が黒に近いこげ茶色。額が銀色で、目の下半分に沿って白い線がある。

気の毒な名前

英名のNoddyは「愚か者」という意味で、人を怖がらないことに由来する。さらに学名も、属名と種小名のどちらも「のろま」という意味でなんとも気の毒な命名である。

横向き

地上

夏

♪ 鳴き声 アアア、ゲォゲォ

ミツユビカモメ ［三趾鷗］

チドリ目カモメ科ミツユビカモメ属 *Rissa tridactyla* / Black-legged Kittiwake ■全長 41cm

- 虹彩は暗色で黒目
- ヘッドホンをかぶったような黒斑。もっとはっきりしている個体も多い
- 嘴は黄色
- 冬羽
- 足はとても短く黒い

黒目のかわいい顔をしたカモメ

沖合にいる外洋性のカモメ類。冬鳥として日本周辺の海に渡来するが、北海道東部では夏でも見られることがある。ふわふわとした独特の羽ばたき方で飛翔しながら、海面近くにいる魚などをつまみ取るように捕食する。雌雄同色で、目が黒くかわいい顔をしている。成鳥の夏羽は頭が白く、翼は灰色。冬羽は頭にヘッドホンのような黒い模様がある。足は黒く、嘴は黄色。飛んだときに翼の先の黒い部分が目立つ。幼鳥は翼上面の黒いM字模様が特徴的。

海が荒れたときはチャンス

外洋性なので、船に乗らないとなかなか見られないが、海がしけたときは港や海岸に移動してくるので観察のチャンス。翼の先の黒い三角模様を観察しよう。

 横向き

 水上

 冬

鳴き声 アーアーアー

ユリカモメ [百合鷗]

カモメ科

チドリ目カモメ科カモメ属　*Larus ridibundus* ／ Black-headed Gull　■全長 40cm

- 目の後方に黒斑
- 赤い嘴
- 冬羽
- 足は赤い
- 初列風切は黒い
- 夏羽

海から離れた場所でも見かけるカモメ

カモメ類は海にいるイメージがあるが、本種は内陸の河川や湖沼でも普通に見られる。冬鳥として日本全国の海岸や港、干潟、河川や湖沼に渡来する。魚や甲殻類などの水生生物を捕食するほか、残飯や果実も食べる。雌雄同色で、嘴と足が赤い。冬羽の頭は白く、目の後に黒斑がある。虹彩は暗色。体上面は淡い青灰色で、初列風切の先端が黒い。夏羽は頭が黒に近いこげ茶色で、目の上下に白い線がある。幼鳥は成鳥冬羽に似るが、嘴と足が橙色。

都鳥

在原業平の句「名にしおはば いざ言問はむ 都鳥 わが思ふ人は ありやなしやと」の都鳥は、本種であるといわれる。東京都の鳥。鉄道の名称としても親しまれている。

横向き
水上
冬

鳴き声　ギューイ、ギャーギャー

332

ズグロカモメ [頭黒鷗]

チドリ目カモメ科カモメ属 *Larus saundersi* / Saunders's Gull ■全長 32cm

カモメ科

- 黒い頭
- 目の周りの白い輪が目立つ
- 初列風切に白斑が並ぶ
- 黒く短い嘴
- 夏羽
- 足は赤いが黒く見えることも

カニが好きなカモメ

干潟にいるカモメ類。冬鳥として本州中部以南に渡来し、特に九州の有明海には多い。潮が引いた干潟に好物のカニを狙って飛来する。頭が丸く、黒く短い嘴で、かわいらしい。雌雄同色。成鳥冬羽は目の後ろに丸い黒斑がある。頭頂にも黒斑があるが、個体によってははっきりしない。翼をたたんでいるときは、初列風切の白斑が目立つ。夏羽は、頭全体が真っ黒になり、目の周囲の白線が目立つ。足は赤い。類似種のユリカモメ(左頁)はやや大きく、嘴が赤い。

カニを見つけて急降下

冬羽

干潟の上をひらひらした羽ばたき方で飛び、カニを見つけると急降下して捕食する。特徴的な行動なので、遠くからもよくわかる。近年、個体数が増加傾向にある。

横向き

地上

冬

鳴き声 キュッ キュッ

カモメ科

ウミネコ ［海猫］

チドリ目カモメ科カモメ属　*Larus crassirostris* ／ Black-tailed Gull　■全長 46cm

- 黄色で先端に赤と黒の帯がある
- 虹彩は黄色で、目の周りが赤い
- 体上面は濃い黒灰色
- 尾羽に黒い帯がある
- 尾羽
- 夏羽
- 黄色い足はよく目立つ

尾羽の太い黒帯が特徴

横向き

地上

留

「ミャー」というネコのような鳴き声が和名の由来。本州以南では留鳥で、北海道では夏鳥。離島や海岸で集団繁殖し、繁殖地のいくつかは国の天然記念物に指定されている。冬は全国の海岸や港、干潟や河口などで普通に見られ、繁殖しない若鳥には夏もそのまま留まる個体がいる。魚や甲殻類などの水生生物や、残飯などを食べる。雌雄同色。尾羽は白く、太い黒帯がある。この特徴は日本のカモメ類の成鳥では本種のみ。体上面は濃い黒灰色で、足は黄色い。

日本とその周辺だけ

日本では最も普通のカモメ類だが、繁殖地は日本とその周辺だけに限られる、世界的には珍しい種だ。最近では東京都心のビル屋上でも繁殖する個体が出てきた。

♪　鳴き声　ミャー ミャー

カモメ類（冬羽）の見分けについてはp.362 〜 363を参照

カモメ ［鷗］

チドリ目カモメ科カモメ属 *Larus canus* / Mew Gull ■全長 45cm

カモメ科

- 頭は真っ白。冬羽は褐色斑があり、まだら
- 虹彩は暗色で目の周りが赤い
- 体上面と初列風切の色の濃淡の差が目立つ
- 黄色一色の嘴
- 夏羽
- 足は黄色

嘴が黄色いカモメ

カモメという名のカモメ類。冬鳥として全国の海岸、漁港、干潟などに渡来し、内陸の河川や湖などにも入る。北日本では大きな群れになることがあるほか、ウミネコ（左頁）と群れをつくることも多い。雌雄同色。成鳥冬羽は頭から胸に褐色の汚れたようなまだら模様がある。嘴は黄色だが、先が黒っぽいものが多い。体上面はウミネコよりも灰色が淡く、黒い初列風切と濃淡の差が目立つ。尾羽は白い。夏羽では頭から体下面が真っ白で、嘴も黄色が鮮やかになる。

2つの英名

本種の英名にはMew GullとCommon Gullの2つがあり、前者はアメリカ、後者はヨーロッパでの呼び名。Mewはネコの鳴き声を意味し、ウミネコと同じ由来。Commonは普通という意味。

鳴き声 ミュー

 横向き

 地上

 冬

カモメ類（冬羽）の見分けについてはp.362〜363を参照

カモメ科

ワシカモメ ［鷲鷗］

チドリ目カモメ科カモメ属　*Larus glaucescens* ／ Glaucous-winged Gull　■全長 65cm

頭は白い。冬羽は褐色の縦斑があり汚れた感じ

目が小さく顔のやや後ろにあり独特な顔つき。虹彩は暗色の個体が多い

太くがっしりとした黄色い嘴。先端に赤い斑がある

初列風切が灰色で、体上面との濃淡に差がない

夏羽

足はピンク色

翼の先が灰色の大型カモメ

横向き

地上

冬

嘴が太い大きなカモメ。冬鳥として北日本に渡来し、特に北海道に多い。西日本では少なく、九州ではまれ。北海道では夏でも見ることがある。海岸や港、河口などに生息し、防波堤で休んでいる姿をよく見る。魚や水生生物を捕食する。雌雄同色。成鳥の冬羽には、頭から首に汚れたような褐色斑がある。嘴は黄色で先に赤斑があり、太くてごつい印象。足はピンク色。初列風切が灰色なのが最大の特徴で、体上面の色との濃さに差がない。夏羽では頭が真っ白。

まずは成鳥の識別を

大形カモメ類は成鳥になるまで4～5年かかり、年齢によって羽色が異なるので若鳥の識別は難解だ。まずは識別点がわかりやすい成鳥をしっかりと覚え、それから幼鳥の識別に挑戦しよう。

鳴き声　クワークワークワクワ

カモメ類（冬羽）の見分けについてはp.362～363を参照

シロカモメ ［白鷗］

カモメ科

チドリ目カモメ科カモメ属　*Larus hyperboreus* / Glaucous Gull　■全長 71cm

- 虹彩は淡色
- 黄色で下嘴の先端近くに赤斑
- 体上面は淡い灰色
- 初列風切は白色
- 足はピンク色
- 夏羽

日本のカモメの最大種

群れの中でひときわ大きく目立つカモメ類。初列風切が白いのも、ほかのカモメ類とは大きく違う点。冬鳥として北日本に渡来し、北海道では比較的多く見られる。西日本では少ない。海岸や港、河口などに生息し、魚やヒトデなどを捕食する。雌雄同色。嘴は黄色で下嘴の先に赤い点がある。足はピンク色。体上面は大型カモメ類のなかで最も淡い灰色。若鳥は年齢や個体によって白さに差があり、全身がほぼ純白のものもいる。嘴はピンク色で、先が黒い。

北極では恐れられる存在

繁殖地は北極海周辺で、学名の種小名は「北極の」という意味。ガンやカモ、シギなどの卵やひなを頻繁に捕食し、ほかの鳥からは恐れられる存在。

横向き

地上

冬

鳴き声　クワー

 カモメ類（冬羽）の見分けについてはp.362〜363を参照

337

カモメ科

セグロカモメ ［背黒鷗］

チドリ目カモメ科カモメ属 *Larus argentatus* / Herring Gull ■全長 61cm

- 頭から首にかけて、褐色斑がある
- 黄色で下嘴の先端に赤い斑
- 体上面は灰色で、初列風切との濃淡に差がある
- 足はピンク色だが、黄色っぽい個体もいる

冬羽

名前ほど背中は黒くない

大型カモメ類では最もよく見る。和名からは背が黒いイメージがあるが、実際は灰色。冬鳥として全国に渡来し、海岸や港、河口などのほか、内陸の河川や湖沼などでも見られる。魚やヒトデなどの水生生物を捕食し、捨てられた魚のアラなどを食べに集まる。雌雄同色。嘴は黄色で、下嘴の先端に赤斑がある。成鳥冬羽は頭から首にかけて汚れたような褐色斑があるが、個体差がかなりある。体上面は灰色で、翼の先は黒く白斑がある。夏羽では頭が白い。足はピンク色。

横向き / 地上 / 冬

体上面と初列風切の濃淡の差に注目

初列風切

大型カモメ類を見分けるには、体上面と初列風切の濃淡の差を覚える。本種は上面と初列風切の濃淡の差が明瞭。類似種のオオセグロカモメ（右頁）は、濃淡の差がほとんどない。

♪ 鳴き声 クワー

338　カモメ類（冬羽）の見分けについてはp.362〜363を参照

オオセグロカモメ ［大背黒鷗］

チドリ目カモメ科カモメ属 *Larus schistisagus* / Slaty-backed Gull ■全長 64cm

黄色で下嘴の先端に赤い斑

体上面は濃い黒灰色で初列風切との濃淡の差があまりない

夏羽

足はピンク色

市街地の上空を飛ぶ大型カモメ

体上面が濃い黒灰色の大型カモメ。留鳥として北海道と東北北部で繁殖し、それより南では冬鳥。海岸や港、河口などに生息する。海岸の岩礁で集団繁殖するほか、札幌などでは市街地のビルの屋上で営巣している。魚や水生生物を食べ、海鳥の卵やひなも捕食する。雌雄同色。嘴は黄色で、下嘴の先に赤斑がある。成鳥冬羽は頭に褐色斑があるが、夏羽になると消えて白くなる。体上面は濃い灰色で、黒い初列風切との濃淡の差がない。足はピンク色。

貝を落として割る

本種とセグロカモメ(左頁)は、二枚貝をくわえて舞い上がり、7〜8mほどの高さから地面に落として割って食べる。

鳴き声 クワー カカカ

 カモメ類(冬羽)の見分けについてはp.362〜363を参照

カモメ科

コアジサシ ［小鯵刺］

チドリ目カモメ科アジサシ属　*Sterna albifrons* ／ Little Tern　■全長 28cm

額が白い　黒い頭　淡い灰色　夏羽

するどく尖る嘴は黄色で先端が黒い

足は黄色で短い

数が減っている身近なアジサシ類

かつては東京・皇居のお堀でも姿を見る身近な鳥だったが、急激に数を減らしている。夏鳥として本州以南に渡来し、河川の中州や砂浜、埋め立て地などに大集団をつくって繁殖する。繁殖後の晩夏から初秋にかけては大集団が干潟に滞在する。ホバリング飛行で水面近くの小魚を狙い、ダイビングして捕らえる。雌雄同色。成鳥夏羽は頭が黒く、額が白い。体上面は淡い灰色。嘴と足は黄色。冬羽は目の後ろから後頭にかけて黒い以外は白くなり、嘴と足が黒くなる。

横向き　地上　夏

求愛給餌

交尾をするときに、オスはメスに食べ物の魚を必ずプレゼントする(求愛給餌)。メスは、つがい以外のオスと交尾することもある。

♪　鳴き声　キリッ キリッ、キキキキー

ベニアジサシ ［紅鯵刺］

カモメ科

チドリ目カモメ科アジサシ属　*Sterna dougallii* / Roseate Tern　■全長 33cm

翼は細長く先が尖る
赤い嘴
足は赤い
長い燕尾

嘴と足が赤く、尾羽が長いアジサシ

嘴と足が真っ赤なアジサシ。夏鳥として南西諸島と九州・有明海などに渡来するが、大阪でも繁殖記録がある。台風などの荒天後に、本州や四国などに姿を見せることもある。無人島や小さな磯などに集団で繁殖する。魚が主食。雌雄同色。成鳥夏羽は頭が黒く、足が赤い。嘴は黒く、付け根が赤いが、季節が進むと先端に向かって赤くなっていく。体上面は淡い灰色。尾羽は白く、とまっているときはたたんだ翼の先端よりも長い。冬羽では嘴が黒くなり、額が白くなる。

個体数は減少傾向

繁殖地の中心は熱帯域なので、日本でも南西諸島が繁殖地の中心。近年、大阪の埋め立て地でも繁殖するなど変化を見せている。一方、南西諸島での繁殖数は減少傾向。

横向き

地上

夏

鳴き声　キーッ、キュイ キュイ

カモメ科

エリグロアジサシ ［襟黒鯵刺］

チドリ目カモメ科アジサシ属 *Sterna sumatrana* / Black-naped Tern ■全長 30cm

- 嘴は黒くやや下に曲がる
- 後頭が黒く、過眼線とつながる
- 体上面は淡い灰色

白い体と黒い「襟」が魅力

南の青い海が似合う、スマートでかっこいいアジサシ類。夏鳥として南西諸島に渡来し、海岸近くの小島や岩礁で集団繁殖する。繁殖地のそばの海上を飛んでいたり、岩の上にとまっていたりする姿を見ることが多い。台風通過後は、北海道から九州にかけての海岸や海上で迷った個体が見られることがある。飛びながら水中にダイビングして魚を捕らえる。雌雄同色。全身がほぼ白く、体上面は淡い灰色。目から後頭にかけて黒い帯があり、和名の由来となった。

横向き / 地上 / 夏

日本が繁殖北限

分布の中心が熱帯域の島々で、日本は繁殖地の北限にあたる。青いサンゴ礁の海をバックに、白い体を光らせて飛ぶ様子は、いかにもトロピカルな雰囲気。

鳴き声 キリッ キリッ

アジサシ ［鯵刺］

チドリ目カモメ科アジサシ属　*Sterna hirundo* / Common Tern　■全長 35cm

カモメ科

額から後頸まで黒い

嘴は黒い

黒が多いが、まれに赤い個体がいる

渡りの途中に立ち寄るアジサシ

旅鳥として春と秋に姿を見せるアジサシ類。海岸の砂浜や干潟、河口などに生息する。繁殖地はサハリン以北だが、富山県、群馬県、東京都などで、コアジサシ(P.340)のコロニー内で繁殖した記録がある。ダイビングしてアジなどを刺すように捕食することが和名の由来だが、実際に魚を刺すわけではない。雌雄同色。成鳥夏羽は額から後頸までが黒く、体上面は灰色。たたんだ翼の先は尾羽よりも長く突出する。足は黒いが、まれに赤い鳥もいる。冬羽は額が白くなる。

コアジサシのエサを横取り

干潟でコアジサシと一緒にいる本種を観察していたところ、コアジサシがひなに給餌する魚を頻繁に横取りしていた。どうやら横取り狙いでコアジサシに近づいていたようだ。

横向き

地上

旅

鳴き声　キッキッキッ、ギューイ

トウゾクカモメ科

トウゾクカモメ ［盗賊鷗］

チドリ目トウゾクカモメ科トウゾクカモメ属 *Stercorarius pomarinus* / Pomarine Skua ■全長 49cm

初列風切の付け根が淡く白斑のように見える

黄色みがある

淡色型 夏羽

特徴的なスプーンのような尾羽

ほかの鳥に獲物を捕らせる

盗賊のようにほかの鳥の獲物を横取りする習性が和名の由来。北極が繁殖地で、渡りの途中に日本近海を通過、または冬に見られる。特に太平洋上で晩秋から初冬に多く観察される傾向がある。カモメ類などをしつこく追いかけ、獲物を吐き出させることもする。雌雄同色。腹が白い淡色型や、全身が褐色の暗色型まで色の変異が大きい。夏羽では尾羽の中央2枚がスプーンのような形をして突き出しているが、冬羽ではこの羽が短く目立たない。

難しいトウゾクカモメ類の識別

日本では4種のトウゾクカモメ類が洋上で見られるが、尾羽の形以外では識別が難しい。なかでも冬羽は手がかりとなる尾羽も短くなるので、なおさら難易度が高くなる。

横向き

空中

旅

冬

鳴き声 ビャー ビャー

ウミガラス ［海烏］

チドリ目ウミスズメ科ウミガラス属　*Uria aalge* / Common Murre　■全長 43cm

目の後ろから黒線が延びる
頬から下面は白
冬羽

「オロローン」と鳴く海鳥

特徴ある鳴き声から「オロロン鳥」の異名をもつ海鳥。ごく少数が北海道の天売島で繁殖し、秋と冬には国外から南下した個体が北日本の海上で越冬する。潜水して魚を捕食。雌雄同色で夏羽は頭から体上面が黒く、下面が白い。冬羽では顔が白くなる。

横向き
水上
冬

鳴き声　オロローン、グァァァァァ

ケイマフリ ［海鴿］

チドリ目ウミスズメ科ウミバト属　*Cepphus carbo* / Spectacled Guillemot　■全長 37cm

目には白い勾玉模様
夏羽
赤い足

赤い足がよく目立つ

アイヌ語で「赤い足」を意味する「ケマフレ」が和名となった海鳥。北海道天売島や道東の岩礁で繁殖し、冬は北日本の海上でも見られる。潜水して魚を食べる。雌雄同色。夏羽は全身が黒く、目の周囲が白い勾玉模様。冬羽は下面が白い。

横向き
水上
冬

鳴き声　ピッピッピッピッ、ピィー ピィー ピィー

ウミスズメ ［海雀］

ウミスズメ科

チドリ目ウミスズメ科ウミスズメ属 *Synthliboramphus antiquus* ／ Ancient Murrelet ■全長 26cm

- ピンク色の嘴
- 体上面は灰色だが黒く見えることも
- 冬羽
- 喉から下面が白い

潜水が得意な小さな海鳥

生活のほとんどを海上で過ごす小さな海鳥。北海道・天売島や根室市で少数が繁殖するほかは、冬鳥として全国の海上で見られる。九州以南では少ない。北日本の洋上では2〜3月に大きな群れが見られることがある。10羽ほどの群れでいることが多く、頻繁に潜水を繰り返し、魚などを捕食する。雌雄同色。見る機会が多い成鳥冬羽は、頭から後頸が黒色で、体上面が灰色。下面は白い。小さな嘴はやや太く、ピンク色。夏羽は目の上に白い眉斑がある。

海が荒れたらチャンス

沖合にいることが多いので、海岸から望遠鏡で見てもゴマ粒のようにしか見えない。しかし、海が荒れると港の中に避難することがあり、間近で観察できるチャンスとなる。

 横向き
 水上
 冬 留

♪ 鳴き声 チッチッ

カンムリウミスズメ ［冠海雀］

チドリ目ウミスズメ科ウミスズメ属　*Synthliboramphus wumizusume* / Japanese Murrelet　■全長 24cm

冠羽
目の上から後頭にかけての白がよく目立つ
淡い灰色
嘴は灰色
夏羽

日本を代表する白黒のウミスズメ

国の天然記念物で、繁殖地が日本と韓国南部以外になく、ほぼ日本固有種のウミスズメ類。留鳥として本州、四国、九州の島と伊豆諸島で繁殖し、非繁殖期には全国の海上で記録がある。雌雄同色で、夏羽は頭から首が黒く、目の少し前の上から後頭にかけて白。和名の由来となった黒い冠羽がある。体上面は灰色、下面は白い。冬羽では冠羽がなくなり、頭から体上面が淡い灰色。顔も目の前と頬が白くなり、胸から下面の白とつながる。嘴は灰色。

世界的な希少種

推定個体数が5000〜10000羽とされ、ウミスズメ類で最も絶滅が心配されている。巣が磯にあるため、釣り人が近づいて繁殖失敗するなどの原因で個体数は減少傾向。

 横向き

 水上

 留

鳴き声　ピュ ピュ

ウミスズメ科

ウトウ [善知鳥]

チドリ目ウミスズメ科ウトウ属　*Cerorhinca monocerata* / Rhinoceros Auklet　■全長 38cm

 横向き
 水上
 漂

嘴は橙色で付け根に突起がある
顔に2本の白い飾り羽がある
夏羽

ユニークな突起をもつ

嘴基部の白い上向きの突起が特徴。北海道と本州北部の海岸で繁殖し、冬は九州以北の海上で見られる。北海道の天売島は世界最大のコロニー。潜水して魚を捕食する。雌雄同色。嘴が橙色で全身が黒く、夏羽では顔に白い飾り羽。冬羽ではなくなる。

♪ 鳴き声　ウー と低い声で鳴く

ウミスズメ科

エトピリカ [花魁鳥]

チドリ目ウミスズメ科ツノメドリ属　*Fratercula cirrhata* / Tufted Puffin　■全長 39cm

 横向き
 水上
 漂

橙色で上から見ると厚みがない
黄色の飾り羽
夏羽
全身が真っ黒

美しい橙色の嘴

和名はアイヌ語で美しい嘴の意味。北海道東部の海岸で少数が繁殖し、冬は本州北部と北海道沿岸で見られる。潜水して魚を捕食する。雌雄同色。夏羽は全身が黒く、嘴は橙。顔は白く、黄色の飾り羽が伸びる。冬羽では顔が黒くなり、飾り羽がなくなる。

♪ 鳴き声　クルルルル

348

オジロワシ ［尾白鷲］

タカ目タカ科オジロワシ属　*Haliaeetus albicilla* / White-tailed Eagle　■全長 オス80cm メス94cm

タカ科

嘴は黄色

頭から胸にかけてクリーム色だが、濃さは個体差がある

メス　オス

尾羽が白い

海岸近くにすむ大型のワシ

和名の通り尾羽が白い大型のワシで、国の天然記念物。冬鳥として渡来し、北日本に多く、西日本には少ない。北海道北部や東部では留鳥で、少数が繁殖。生息環境は海岸や湖沼近くの森林。魚を主に食べるが、カモメ類やカモ類などの鳥類、アザラシの幼獣や動物の死骸も食べる。雌雄同色。成鳥は嘴と足、虹彩が黄色。全身が褐色で、頭はクリーム色。尾羽はくさび形で白い。幼鳥はまだら模様の褐色で嘴が黒い。完全な成鳥羽になるのに6年かかる。

深刻な鉛中毒

本種やオオワシ(p.350)は動物の死骸を食べる習性がある。鉛銃弾で仕留めて放置されたエゾシカの肉も食べてしまい、鉛中毒を起こして死亡する事故が続いている。

鳴き声　キャッ キャッ キャッ キャッと雌雄で鳴き交わす

タカ科

オオワシ ［大鷲］

タカ目タカ科オジロワシ属　*Haliaeetus pelagicus* / Steller's Sea Eagle　■全長 オス 88cm メス 102cm

- 額が白い
- 巨大な黄色い嘴
- 嘴の黄色は淡い
- 褐色と白のまだら模様
- 小雨覆が白い
- 脛や尾羽は白
- 足は鮮やかな黄色

幼鳥

極東を代表する美しい大型ワシ

極東地域にしか分布しない世界的にも貴重な大型ワシで、国の天然記念物。オホーツク海沿岸やカムチャツカ半島で繁殖し、冬には北海道で越冬するほか、ごく少数が本州の湖沼でも越冬する。魚が主食のため、海岸や湖沼近くの森林に生息する。遡上したサケなどを食べるが、漁業で捨てられた魚や観光船からの餌に集まることも多い。雌雄同色。成鳥は全身が黒褐色で、額と小雨覆、脛、尾羽が白い。嘴や足、虹彩は黄色い。若鳥は全身褐色で、白いまだら模様。

立つ／樹上／冬

外国バードウォッチャーにも大人気

姿が美しいうえ、極東の一部にしか分布しない本種は海外のバードウォッチャーの憧れ。多くの個体が見られる冬の道東には、外国人バードウォッチャーが多数訪れる。

♪ 鳴き声　*カッ カッ カッ*

ハヤブサ [隼]

ハヤブサ目ハヤブサ科ハヤブサ属　*Falco peregrinus* / Peregrine Falcon　■全長 オス42cm メス49cm

- 黄色いアイリング。虹彩は暗色
- ハヤブサ類特有のヒゲ模様
- 上面は青黒色
- 胸から腹にかけて密な横斑

獲物は鳥類専門

急降下し、鳥類を襲って食べる猛禽類。崖の岩棚に営巣するため、海岸で見ることが多いが、山地の崖でも繁殖する。冬はカモなどが多い河川や湖沼でも観察できる。獲物となるヒヨドリやハトなど中型の鳥を見通しのよい場所で探し、見つけると追いかけ、足でつかんだり、蹴ったりして仕留める。雌雄同色。成鳥は頭から体上面が青黒色で、顔には目の下まで伸びるひげのような模様がある。体下面は白っぽく、密な横斑がある。目には黄色いアイリングがある。

空中求愛給餌

本種の求愛給餌は飛びながら行う。オスはメスの上を飛んでつかんでいた獲物を落とし、メスはさっと反転して足を伸ばし、上手に受け取る。

 立つ

 空中

 留

鳴き声 キィー キィー

 ハヤブサ類の見分けについてはp.368を参照

〈イラストで比較〉似ている鳥の見分け方

カモ類 メス の見分け

カモのメスは地味な羽なので、慣れないうちは見分けが難しい。
全体の羽色ではなく、翼鏡の色や嘴の形や斑を観察して見分けよう。

小型のカモ3種の見分け

黒い嘴の付け根は黄色 — 緑の翼鏡

コガモ
→ p.247

小さな白斑 — 顔に2本の白線

シマアジ
→ p.245

嘴の付け根に目立つ白斑

トモエガモ
→ p.246

〈イラストで比較〉似ている鳥の見分け方

大型で嘴が橙色のカモ３種の見分け

黒色部は中央のみ

青い翼鏡

マガモ
→p.241

黒色部は付け根から先端まで

白い翼鏡

オカヨシガモ
→p.237

足は黄色

しゃもじ形の嘴

ハシビロガモ
→p.243

353

🦆 キンクロハジロとスズガモ メス の見分け

キンクロハジロのメスには嘴の付け根が白い個体もいて、
スズガモのメスによく似ている。冠羽や背の色で見分けたい。

- 青灰色で先端の黒が目立つ
- 白斑がある個体もいる
- 冠羽がある
- 背は黒っぽい

キンクロハジロ
→ p.249

- 大きな白斑
- 青灰色の嘴
- 冠羽がない
- 背や脇に灰色みがある

スズガモ
→ p.289

🦆 カイツブリ類 冬羽 の見分け

ハジロカイツブリとミミカイツブリはよく似ている。
嘴の形、首の色や頭部の色の境目が決め手となる。

- 頭頂が尖る
- 上に反る
- 黒色部が目より下まで広がり、境目がはっきりしない

ハジロカイツブリ
→ p.256

- 目先に赤い線がある
- 頭頂はなだらか
- 白と黒がはっきりと分かれる
- 真っすぐ

ミミカイツブリ
→ p.295

〈イラストで比較〉似ている鳥の見分け方

カワウとウミウの見分け

カワウとウミウはよく似ている。ウミウは淡水域では少ないが、生息環境は参考程度に考え、識別ポイントをしっかり確認しよう。

カワウ → p.257
- 白色部は目より上に広がらない
- 口角の黄色は尖らない
- 顔が黒っぽく見える
- 背は褐色

ウミウ → p.305
- 白色部は目より上まで広がる
- 口角の黄色が尖る
- 顔が白っぽく見える
- 緑光沢がある

シラサギ類の見分け

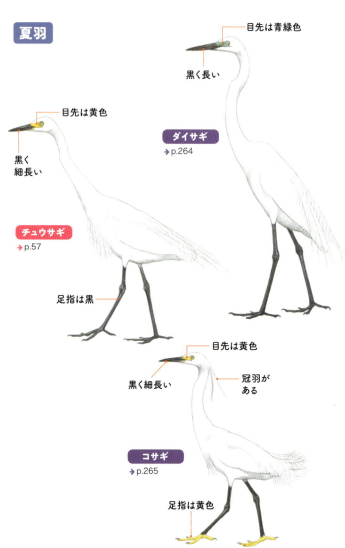

夏羽

目先は黄色
黒く細長い

チュウサギ
→ p.57

目先は青緑色
黒く長い

ダイサギ
→ p.264

足指は黒

目先は黄色
黒く細長い
冠羽がある

コサギ
→ p.265

足指は黄色

〈イラストで比較〉**似ている鳥の見分け方**

俗にシラサギと呼ばれる白いサギ3種はよく似ている。
足や嘴の色と長さ、口角などに注目して見分けよう。

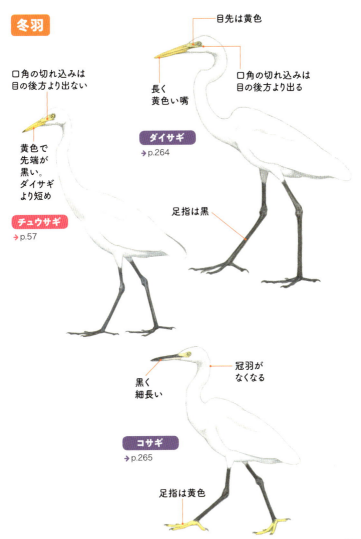

冬羽

口角の切れ込みは
目の後方より出ない

目先は黄色

長く
黄色い嘴

口角の切れ込みは
目の後方より出る

黄色で
先端が
黒い。
ダイサギ
より短め

ダイサギ
→p.264

足指は黒

チュウサギ
→p.57

冠羽が
なくなる

黒く
細長い

コサギ
→p.265

足指は黄色

カッコウ類の見分け

成鳥

〈イラストで比較〉似ている鳥の見分け方

カッコウ類3種の見分けでは胸や下尾筒の斑、
虹彩の色がポイントとなる。

アマツバメ類の見分け

アマツバメ類の見分けは大きさ、下面の色や尾羽の形が決め手となる。

〈イラストで比較〉似ている鳥の見分け方

ツバメ類の見分け

ツバメ類の見分けは、喉の色や尾羽の形が決め手となる。

カモメ類 冬羽 の見分け

オオセグロカモメ → p.339
- 黒灰色。大型カモメで最も濃い
- 背と初列風切の色の濃さに差がない
- ピンク色

セグロカモメ → p.338
- 青灰色。大型カモメの基準となる濃さ
- 初列風切は黒色で白斑がある。尾羽よりも長い
- 尾羽
- ピンク色

ワシカモメ → p.336
- 虹彩は暗色
- 初列風切が灰白色で背の色と濃淡に差がない
- 黄色の嘴は太めで先端に赤斑
- ピンク色

〈イラストで比較〉似ている鳥の見分け方

慣れないとどれも同じように見えるカモメ類だが、
足の色、翼の色の濃淡、嘴などを確認することで見分けることができる。

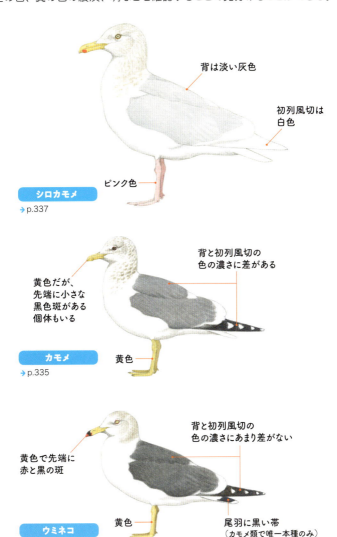

シロカモメ
→ p.337
- 背は淡い灰色
- 初列風切は白色
- ピンク色

カモメ
→ p.335
- 黄色だが、先端に小さな黒色斑がある個体もいる
- 背と初列風切の色の濃さに差がある
- 黄色

ウミネコ
→ p.334
- 黄色で先端に赤と黒の斑
- 背と初列風切の色の濃さにあまり差がない
- 黄色
- 尾羽に黒い帯（カモメ類で唯一本種のみ）

ハイタカ属3種 メス の見分け

ツミ
→p.143

- 喉に明瞭な一本線
- 翼指は5枚
- 飛びながらキーキキキと鳴くことが多い

ハイタカ
→p.144

- 頭が小さい
- 翼指は6枚
- この初列風切が長く突出する
- 尾羽は長く、先端が角張る

- 顔全体が黒っぽく眉斑がないか、あっても不明瞭
- 喉に明瞭な一本線
- 下面は褐色の横斑

- 明瞭な細く長い眉斑
- 頭が体に比べて小さい
- 喉に細かい縦斑が並ぶ
- 褐色のやや太めの横斑が並ぶ
- 尾羽は長く、先端が角張る

〈イラストで比較〉似ている鳥の見分け方

距離が近ければそんなに難しくないが、距離が遠かったり、飛んでいたりすると見分けが難しい。飛んでいるときのポイントは翼指の本数。

1 2 3 4 5 6 ← 翼指は6枚

オオタカ
→ p.145

横斑が細いため、白く見える

尾羽の先端は丸みがある

明瞭な太い眉斑

暗褐色の細い横斑

先端がくさび形

サシバとハチクマの見分け

渡りをするタカの代表格、サシバとハチクマの見分けのポイントをそれぞれ示す。

サシバ
→ p.146

- 虹彩は黄色
- 喉に明瞭な一本線
- 成鳥 オス
- 胸下部より腹に太い横斑
- 翼が長く尾の先端よりもやや短い

- 虹彩は暗褐色
- 喉に明瞭な一本線
- 幼鳥
- 太い縦斑がある
- 翼が長く尾の先端よりもやや短い

〈イラストで比較〉似ている鳥の見分け方

ハヤブサ類 幼鳥 の見分け

ハヤブサ類幼鳥の見分けは、色と斑の太さが決め手。

- アイリングが青灰色
- 太い縦斑
- **チゴハヤブサ** →p.163
- 羽縁が淡褐色のため、うろこ模様にみえる
- 下尾筒はやや赤い

- **チョウゲンボウ** →p.34
- ※ 幼鳥 と メス は酷似していて識別は難しい
- 赤褐色に黒い横斑が並ぶ
- 尾羽は赤褐色に黒い横帯

- アイリングが青灰色
- 縦斑
- 全体的に褐色
- **ハヤブサ** →p.351

〈イラストで比較〉似ている鳥の見分け方

ムシクイ属3種の見分け

さえずらない時期のムシクイ類を姿で見分けるのは難しいが、ポイントを確認してみよう。見当はつくかもしれないが、最終的な決め手となる地鳴きを聞き逃さないようにしよう。

眉斑は細く黄色っぽい白
緑を帯びた褐色
黄色みを帯びる白

メボソムシクイ
→p.181

眉斑は白く明瞭
暗褐色
緑を帯びた褐色で頭とは色が違う
一様にくすんだ白色
ピンク色

エゾムシクイ
→p.182

頭の中央に灰色の線がある
黄緑褐色
下嘴が黄色
白く、腹から下尾筒は黄色みを帯びる

センダイムシクイ
→p.183

369

サメビタキ属3種の見分け

サメビタキ属3種は全体に地味な羽色だが、
微妙な羽色や斑の違いを確認することで見分けることができる。

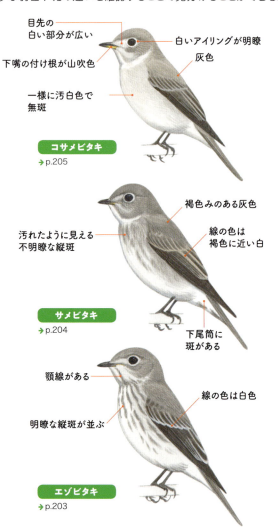

- 目先の白い部分が広い
- 下嘴の付け根が山吹色
- 白いアイリングが明瞭
- 灰色
- 一様に汚白色で無斑

コサメビタキ →p.205

- 褐色みのある灰色
- 汚れたように見える不明瞭な縦斑
- 線の色は褐色に近い白

サメビタキ →p.204

- 下尾筒に斑がある

- 顎線がある
- 明瞭な縦斑が並ぶ
- 線の色は白色

エゾビタキ →p.203

〈イラストで比較〉似ている鳥の見分け方

オオルリとキビタキ メス の見分け

渡りの時期に見かけるオオルリやキビタキのメス。慣れないと
見分けるのは難しいが、色みやシルエットの微妙な違いを観察しよう。

オオルリ
→ p.209

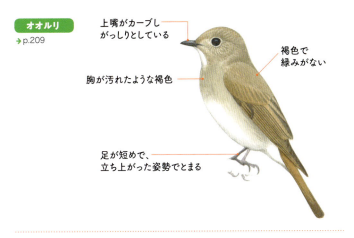

- 上嘴がカーブし がっしりとしている
- 褐色で緑みがない
- 胸が汚れたような褐色
- 足が短めで、立ち上がった姿勢でとまる

キビタキ
→ p.206

- 上下ともカーブしオオルリよりも華奢
- オリーブ褐色
- 白っぽく、黄色みがある個体もいる
- 亜種キビタキよりも緑が強い褐色
- 胸に不明瞭な横斑があることも

亜種キビタキ　　亜種リュウキュウキビタキ

スマスコ撮影入門

野鳥観察用のフィールドスコープ（望遠鏡）は、双眼鏡では倍率が足りない遠くの鳥を見たり、体の細部を拡大して見るときに威力を発揮します。倍率が20〜60倍と高倍率なので、ブレないようにしっかりとした三脚に取り付けて使用します。傾斜型（写真左）と直視型（写真右）があり、傾斜型は長時間座っての観察に向いています。

スマスコ撮影とは？

フィールドスコープでとらえた鳥をそのまま写真に写せたらと誰もが一度は思います。それを可能にしたのがスマスコ撮影です。スコープに携帯電話のスマートフォン（スマホ）を取り付けて写す撮影方法で、「スマホ＋スコープ」だから略して「スマスコ」と呼んでいます。近ごろのスマホカメラは驚くほど高性能。誰でも簡単に高画質の写真が撮れるので、スマスコで撮影された鳥の写真は驚くほどきれいです。

スマスコ撮影の方法

スコープの接眼レンズに専用のアダプターを使ってスマホを取り付けて撮影します。スコープのメーカーからスマホの機種に合わせたアダプターが発売されているので、それを利用するのが一番簡単です。高倍率のスコープで撮影しますから、かなり遠くの鳥でも大きく写すことができます。たとえばiPhone7では、スコープの接眼レンズが20倍ならば700mmの望遠レンズと、60倍

ならば1680mmの超望遠レンズと同じ焦点距離になります。これならば鳥に近づく必要がなく、警戒していない自然な姿を写すことができます。

きれいに写すコツ

スマホは自動焦点なのでピント合わせは機械任せである程度はできますが、よりシャープな写真にするならば、スマホの画面を操作してピントを合わせる必要があります。また、どうしてもケラレ(画面周辺が暗くなる)が出るので、デジタルズームで拡大してケラレが出ないように調整します。ただ拡大しすぎると画像が荒れてしまうので、最小限にとどめるようにしましょう。

動画やスローモーション

スマスコ撮影の楽しみ方で忘れてはならないのが動画です。スマホカメラは動画撮影が得意ですから、スマスコ撮影でも活躍します。特におもしろいのがスローモーション撮影。何気ない鳥の動作でもスローモーションモードで写すと、まるでテレビの自然番組に出てくるような魅力的な映像を撮影することができます。

用語解説

分類など

亜種（あしゅ）● 種の下位の単位。同一種ながら形態などに違いが認められる地域個体群。例：本州以南のエナガと北海道のシマエナガは、どちらも同じ種エナガの別亜種（p.179）。

移入種（いにゅうしゅ）● ⇒外来生物

英名（えいめい）● 英語による種の名称。

外来生物（がいらいせいぶつ）● 人間活動によって本来の生息地以外からもち込まれ、定着した生物のこと。在来生物への影響が大きい場合、環境省の外来生物法で特定外来生物に指定され、駆除の対象になる。

学名（がくめい）● 世界共通の生物名。種については、属名（＝種の上位の単位で、共通の特徴をもつグループ名）と種小名（＝その種を表す名）のラテン語2語で表記する。

種（しゅ）● 生物分類の基準となる単位。

日本固有種（にほんこゆうしゅ）● 日本国内だけに生息する種。

和名（わめい）● 日本語による種の名称。本書では日本鳥学会が定めている標準和名を使用している。

生活型

越夏（えっか）● 越冬した、あるいは渡り途中の冬鳥がなんらかの理由で繁殖地まで移動せず、繁殖地ではない地域で夏を過ごすこと。また、若鳥が渡らずに越冬地付近に残って夏を過ごすこと。

越冬（えっとう）● 非繁殖期に冬を過ごすこと。北半球では通常、北方の繁殖地から南方の暖地へ移動して越冬する。あるいは山地から平地へ移動して越冬する。

旅鳥（たびどり）● 繁殖も越冬もせず、渡りの途中に立ち寄るだけの鳥。シギ・チドリ類など。

夏鳥（なつどり）● 春に南方から渡ってきて繁殖し、秋に南方へ渡る鳥。ツバメ（p.40）やオオルリ（p.209）など。

漂鳥（ひょうちょう）● 亜高山帯などの高地で繁殖し、非繁殖期に平地に移動して越冬する鳥。あるいは、北方で繁殖し、非繁殖期に南方へ局地移動して越冬する鳥。ルリビタキ（p.202）やアオジ（p.225）など。

冬鳥（ふゆどり）● 秋に北方から渡ってきて越冬し、春に北方へ戻って繁殖する鳥。カモ類やツグミ（p.107）など。

迷鳥（めいちょう）● 通常は渡来も通過もしないが、悪天候などで迷い込んだ鳥。

留鳥（りゅうちょう）● 年間を通して同じ地域に生息し、長距離の季節移動をしない

鳥。スズメ(p.49)やハシブトガラス(p.38)など。

渡り ● 繁殖地と越冬地間の長距離の季節移動。数百キロの移動から、北極と南極間数万キロの長距離移動まで、移動する地域や距離は種によってさまざま。

行動

営巣 ● 巣をつくって子育てすること。

滑翔 ● 羽ばたかず、直線的に飛ぶこと。帆翔によって上昇した後に大きく移動するのに用いることが多い。

聞きなし ● 鳥のさえずりを、人が使う言葉に置き換えること。覚えやすくなる。ウグイス(p.177)の「法法華経」やホオジロ(p.118)の「一筆啓上仕り候」など。

ぐぜり ● 繁殖期初期の不完全なさえずり。短かったり、声量が小さかったり、つぶやくような鳴き声。

クラッタリング ● 鳥が上下の嘴をたたくようにして、打楽器のような音を

出すこと。コウノトリ(p.54)がコミュニケーションに利用する。

混群 ● 異なる種の個体が群れを形成すること。食べ物を探したり、天敵を発見したりするのに都合がよい。

さえずり ● 繁殖期に求愛したり、なわばりを主張するための複雑で美しい鳴き声。大部分の種でオスがさえずるが、メスがさえずる種や雌雄ともさえずる種もある。

さえずり飛翔 ● 飛びながらさえずること。ヒバリ(p.96)やセッカ(p.104)など開けた環境で繁殖する種によく見られる。

笹鳴き ● ウグイス(p.177)が非繁殖期に笹やぶなどで地鳴きすることの通称。

地鳴き ● さえずり以外の鳴き声の総称。群れのなかまに位置を知らせたり、天敵を見つけて警戒を促すときに出す声など。短く単純な声が多い。

ソアリング ● →帆翔

ソングポスト ● 鳥がさえずる場所としてよく使うとまり場所。木の梢や杭、電柱の上など。

ダイナミックソアリング ● 海上の風を巧みに使って羽ばたかずに飛ぶ、アホウドリ類やミズナギドリ類の飛翔法。

タカ柱 ● タカ類が上昇気流を利用して群れで帆翔する様子が柱状に見えること。サシバ(p.146)やハチクマ(p.141)がしばしば大きな柱を形成する。

托卵 ● 他種の巣に卵を産み、子育てを巣の親鳥にまかせること。日本で繁殖するカッコウ類はすべて托卵する。ムクドリ(p.46)のように同種内で托卵する種もいる。

ディスプレイ ● 求愛や争いのため自分をきわだたせる行動。翼や嘴で大きな音を出したり、体の大きさを誇張させたりする。あるいは、羽色の美しさを目立たせたり、通常と異なる飛び方で飛翔能力の高さをアピールしたりする。

ドラミング ● キツツキ類が求愛や誇示のために木の幹などを嘴でたたき、大きな音を出す行動。

鳴き交わし ● 複数の個体が鳴き合うこと。雌雄や親子のコミュニケーションでよく聴かれる。

ねぐら ● 夜間に睡眠をとる場所。樹上であることが多い。

帆翔 ● 翼を広げた状態で、羽ばたかずに飛ぶこと。ソアリングともいう。タカ類などが上昇気流を利用してしばしば帆翔する。

フライングキャッチ ● 空中の獲物を飛びながら捕獲すること。ヒタキ類に顕著で、多くの種に「〜Flycatcher」という英名がつけられている。

ホバリング ● 素早く羽ばたき、空中の一点にとどまって飛翔すること。獲物を探すときに行うことが多い。

母衣打ち ● ヤマドリやキジが求愛や誇示のために激しく羽ばたき、羽音を出す行動。ドラミングの一種。

モビング ● 疑似攻撃。擬攻ともいう。カラス類が集団でオオタカなどの猛禽類を追いかけて追い払うなどの行動。

羽毛・体のつくり

羽衣 ● 鳥の羽毛の総称。種によって色や形はさまざま。

羽色 ● 羽毛の色。

エクリプス ● 夏から初秋にかけてのカモ類オスの地味な羽色。メスに似た羽色になる。カモ類のオスは、秋に渡ってきたときにはエクリプスであることが多い。冬にかけて繁殖羽(夏羽)に生え換わる。

横斑 ● 頭部と尾羽を結んだ線に対し垂直となる斑のこと。

飾り羽 ● 繁殖期に向けて生える、装飾的な羽毛。サギ類などで見られる。

換羽 ● 全身あるいは一部の羽毛を更新すること。

擬態 ● 生物が周囲の環境やほかの生き物に似た体色や形態をもつこと。捕食者から身を守るため、あるいは被捕食者を襲うために備わっている。木の枝に擬態するヨタカ(p.137)など。

口角 ● 嘴のつけ根で、上嘴と下嘴の接合部にあたる個所。

377

構造色 ● 色素ではなく、羽毛の微細な構造に光が当たることで見える色。青色光沢や緑色光沢は羽毛の構造色であることが多い。

婚姻色 ● 繁殖期の鮮やかな羽毛。サギ類、カモ類などで見られる。

雌雄同色 ● オスとメスの羽色が同じこと。

縦斑 ● 頭部と尾羽を結んだ線と平行な斑のこと。

瞬膜 ● まぶたとは別に、眼球を保護するための膜。潜水する鳥が水中に飛び込む際や、キツツキ類が木をつつくときなどに閉じて、眼球を保護する。

鷹斑 ● タカ類の翼や尾羽の斑点状の模様。タカ類以外の同様の模様をもつ鳥に対しても使い、タカブシギ（p.76）は和名の由来にもなっている。

夏羽 ● 繁殖期の羽衣。冬羽に比べて鮮やかな色彩が多く、種によっては飾り羽を伴う。繁殖羽。

肉冠 ● 肉質の突起物。ニワトリでいうと、とさかにあたる部分。ライチョウ（p.126）やキジ（p.53）などに見られる。

繁殖羽 ● 繁殖期の羽衣。通常、鮮やかな羽色であることが多い。
→夏羽

非繁殖羽 ● 非繁殖期の羽衣。通常、地味な羽色であることが多い。
→冬羽

冬羽 ● 非繁殖期の羽衣。夏羽に比べて地味であることが多い。非繁殖羽。

弁足 ● 木の葉形の膜がついている

足指。カイツブリ(p.253)やオオバン(p.271)などの足指。

<ruby>翼鏡<rt>よくきょう</rt></ruby> ● カモ類の次列風切(p.6)の一部で、光沢のある目立つ色が多い。種によって色が異なる。

<ruby>翼帯<rt>よくたい</rt></ruby> ● 翼に見られる帯状の模様。

<ruby>裸出部<rt>らしゅつぶ</rt></ruby> ● 鳥の体で羽が生えていない部分。タンチョウ(p.62)の頭頂の赤い部分など。

繁殖と成長段階

<ruby>交雑<rt>こうざつ</rt></ruby> ● 異種個体の間での繁殖。

コロニー ● 集団繁殖地。サギ類やウ類で顕著。サギ類のコロニーは、俗にサギ山と呼ばれる。

<ruby>成鳥<rt>せいちょう</rt></ruby> ● 幼羽が成鳥羽に換羽し、繁殖能力がある状態の鳥。

ハイブリッド ● 異なる種の間で交雑して生まれた子。雑種。カモ類でよく見かけられる。

ひな ● ふ化後、親鳥の世話から独立するまでの鳥。

ヘルパー ● 繁殖中のつがい以外に、つがいの子育てを手伝う個体。つがいが以前に育てた若鳥であることが多いが、血縁関係のない個体の場合もある。エナガ(p.179)など。

<ruby>幼鳥<rt>ようちょう</rt></ruby> ● 親離れし、幼羽が第1回目の冬羽に換羽する前までの状態の鳥。

<ruby>若鳥<rt>わかどり</rt></ruby> ● 第1回目の冬羽から完全に成鳥羽に換羽するまでの状態の鳥。未成鳥、亜成鳥ともいう。

和名さくいん

本書に掲載している鳥の和名を50音順に並べました。
※**太字**は本文図鑑ページでメインとして扱っている種です。

ア

アオアシシギ　318
アオゲラ　160
アオサギ　262
アオジ　225
アオシギ　275
アオバズク　154
アオバト　130
アカアシシギ　73
アカエリカイツブリ　254
アカエリヒレアシシギ　329
アカガシラカラスバト　129
アカガシラサギ　55
アカゲラ　158
アカコッコ　198
アカショウビン　155
アカハラ　197
アカハラダカ　142
アカヒゲ　200
アカモズ　92
アジサシ　343
アトリ　214
アビ　296
アヒル　241
アホウドリ　299
アボセット　313
アマサギ　56
アマツバメ　139、360
アメリカヒドリ　240
アリスイ　89
イイジマムシクイ　184
イカル　222
イカルチドリ　272
イスカ　218
イソシギ　277
イソヒヨドリ　48
イヌワシ　147
イワツバメ　43、361
イワヒバリ　210
ウグイス　177

ウズラシギ　78
ウソ　219
ウチヤマセンニュウ　100
ウトウ　348
ウミアイサ　294
ウミウ　305、355
ウミガラス　345
ウミスズメ　346
ウミネコ　334、363
エゾセンニュウ　186
エゾビタキ　203、370
エゾムシクイ　182、369
エゾライチョウ　125
エトピリカ　348
エナガ　179
エリグロアジサシ　342
エリマキシギ　328
オオアカゲラ　157
オオコノハズク　149
オオジシギ　70
オオジュリン　124
オオセグロカモメ
　339、362
オオセッカ　101
オオソリハシシギ　314
オオタカ　145、365
オオハクチョウ　235
オオハム　297
オオバン　271
オオヒシクイ　228
オオマシコ　216
オオミズナギドリ　301
オオムシクイ　181
オオメダイチドリ　311
オオヨシキリ　102
オオルリ　209、371
オオワシ　350
オカヨシガモ　237、353
オグロシギ　276
オシドリ　236

オジロビタキ　208
オジロワシ　349
オナガ　35
オナガガモ　244
オバシギ　322

カ

カイツブリ　253
カケス　168
カササギ　36
カシラダカ　121
カツオドリ　303
カッコウ　66、358、359
カナダガン　231
カナダヅル　60
ガビチョウ　227
カモメ　335、363
カヤクグリ　211
カラス → ハシブトガラス、
　　　　ハシボソガラス
カラスバト　129
カラフトムシクイ　180
カルガモ　242
カワアイサ　252
カワウ　257、355
カワガラス　284
カワセミ　281
カワラバト　31
カワラヒワ　51
カンムリウミスズメ　347
カンムリカイツブリ　255
カンムリワシ　142
キアシシギ　319
キクイタダキ　171
キジ　53
キジバト　29
キセキレイ　285
キバシリ　190
キビタキ　206、371
キマユムシクイ　180

キョウジョシギ	321
キリアイ	327
キレンジャク	187
キンクロハジロ	249、354
ギンザンマシコ	217
ギンムクドリ	105
クイナ	268
クサシギ	75
クマゲラ	159
クマタカ	148
クロアシアホウドリ	298
クロアジサシ	330
クロガモ	292
クロサギ	306
クロジ	226
クロツグミ	194
クロツラヘラサギ	267
クロヅル	63
クロハラアジサシ	279
ケアシノスリ	85
ケイマフリ	345
ケリ	68
コアオアシシギ	74
コアジサシ	340
コアホウドリ	298
コイカル	221
ゴイサギ	260
コウノトリ	54
コオリガモ	293
コガモ	247、352
コガラ	173
コクガン	287
コクチョウ	232
コクマルガラス	93
コゲラ	33
コサギ	265、356、357
コサメビタキ	205、370
コシアカツバメ	42、361
コシジロヤマドリ	127
ゴジュウカラ	189
コジュケイ	128
コジュリン	123
コチドリ	273
コチョウゲンボウ	90

コノハズク	150
コハクチョウ	234
コブハクチョウ	233
コホオアカ	120
コマドリ	199
コミミズク	87
コムクドリ	191
コヨシキリ	103
コルリ	201

サ

ササゴイ	261
サシバ	146、366
サメビタキ	204、370
サンカノゴイ	258
サンコウチョウ	166
サンショウクイ	165
シジュウカラ	39
シジュウカラガン	231
シノリガモ	290
シマアオジ	122
シマアカモズ	92
シマアジ	245、352
シマエナガ	179
シマセンニュウ	99
シマフクロウ	152
シメ	220
ジュウイチ	134
シュバシコウ	54
ショウドウツバメ	97
ジョウビタキ	47
シラコバト	30
シラサギ	56、57、264、265、356、357
シロエリオオハム	297
シロガシラ	176
シロカモメ	337、363
シロチドリ	309
シロハラ	196
シロハラクイナ	65
ズグロカモメ	333
ズグロミゾゴイ	132
スズガモ	289、354
スズメ	49

セイタカシギ	274
セグロカモメ	338、362
セグロセキレイ	286
セッカ	104
センダイムシクイ	183、369
ソウシチョウ	227
ソデグロヅル	59
ソリハシシギ	320
ソリハシセイタカシギ	313

タ

ダイサギ	264、356、357
ダイシャクシギ	316
ダイゼン	307
タカブシギ	76
タゲリ	67
タシギ	71
タヒバリ	112
タマシギ	79
タンチョウ	62
チゴハヤブサ	163、368
チゴモズ	167
チバエナガ	179
チュウサギ	57、356、357
チュウシャクシギ	315
チュウダイサギ	264
チュウヒ	82
チョウゲンボウ	34、368
ツクシガモ	288
ツグミ	107
ツツドリ	136、358、359
ツバメ	40、361
ツバメチドリ	80
ツミ	143、364
ツメナガセキレイ	110
ツメナガホオジロ	116
ツリスガラ	95
ツルシギ	72
トウゾクカモメ	344
トウネン	324
トキ	58
ドバト	31
トビ	81
トモエガモ	246、352

381

トラツグミ··········193
トラフズク···········86

ナ

ナベクロヅル··········63
ナベヅル···········64
ニシオジロビタキ·······208
ニュウナイスズメ·······212
ノグチゲラ··········162
ノゴマ···········108
ノジコ···········224
ノスリ············84
ノビタキ···········109

ハ

ハイイロチュウヒ·······83
ハイタカ········144、364
ハギマシコ··········114
ハクガン···········230
ハクセキレイ·········50
ハシビロガモ·······243、353
ハシブトガラ·········172
ハシブトガラス········38
ハシボソガラス········37
ハシボソミズナギドリ····302
ハジロカイツブリ····256、354
ハジロコチドリ········308
ハチクマ·········141、367
ハチジョウツグミ·······107
ハト → キジバト、ドバト
ハマシギ···········325
ハヤブサ········351、368
ハリオアマツバメ
··············138、360
バン···········270
ヒガラ···········175
ヒクイナ···········269
ヒシクイ···········228
ヒドリガモ··········239
ヒバリ············96
ヒバリシギ··········77
ヒメアマツバメ······32、360
ヒメウ···········304
ヒヨドリ···········44

ヒレンジャク·········188
ビロードキンクロ·······291
ビンズイ···········213
フクロウ···········153
ブッポウソウ·········156
フルマカモメ·········300
ベニアジサシ·········341
ベニヒワ···········113
ベニマシコ··········115
ヘラサギ···········266
ホウロクシギ·········317
ホオアカ···········119
ホオジロ···········118
ホオジロガモ·········250
ホシガラス··········170
ホシゴイ···········260
ホシハジロ··········248
ホシムクドリ·········106
ホトトギス·····135、358、359
ホンセイインコ········52
ホントウアカヒゲ·······200

マ

マガモ·········241、353
マガン···········229
マキノセンニュウ·······98
マナヅル···········61
マヒワ···········215
マミジロ···········192
マミチャジナイ········195
マルガモ···········242
ミコアイサ··········251
ミサゴ···········280
ミゾゴイ···········131
ミソサザイ··········283
ミツユビカモメ········331
ミミカイツブリ·····295、354
ミヤコドリ··········312
ミヤマカケス·········168
ミヤマガラス·········94
ミヤマホオジロ········223
ミユビシギ··········323
ムギマキ···········207
ムクドリ···········46

ムナグロ···········69
ムネアカタヒバリ·······111
ムラサキサギ·········263
メグロ···········185
メジロ············45
メダイチドリ·········310
メボソムシクイ····181、369
モズ············91

ヤ

ヤイロチョウ·········164
ヤツガシラ··········88
ヤブサメ···········178
ヤマガラ···········174
ヤマゲラ···········161
ヤマシギ···········140
ヤマセミ···········282
ヤマドリ···········127
ヤンバルクイナ········133
ユキホオジロ·········117
ユリカモメ··········332
ヨシガモ···········238
ヨシゴイ···········259
ヨタカ···········137

ラ

ライチョウ··········126
リュウキュウアカショウビン
··············155
リュウキュウキビタキ····371
リュウキュウコノハズク···151
リュウキュウサンショウクイ
··············165
リュウキュウツバメ······41
リュウキュウヒクイナ····269
ルリカケス··········169
ルリビタキ··········202
レンカク···········278

ワ

ワカケホンセイインコ·····52
ワシカモメ·······336、362